什么是物理学？

WHAT IS PHYSICS?

孙　平　李　健　编著

图书在版编目(CIP)数据

什么是物理学？/ 孙平，李健编著. -- 大连 ：大连理工大学出版社，2021.9

ISBN 978-7-5685-2995-2

Ⅰ. ①什… Ⅱ. ①孙… ②李… Ⅲ. ①物理学—普及读物 Ⅳ. ①O4-49

中国版本图书馆 CIP 数据核字(2021)第 071874 号

什么是物理学？ SHENME SHI WULIXUE?

出 版 人：苏克治
责任编辑：于建辉　尹　博　郭晨星
责任校对：孙　楠
封面设计：奇景创意

出版发行：大连理工大学出版社
　　　　（地址：大连市软件园路 80 号，邮编：116023）
电　　话：0411-84708842（发行）
　　　　0411-84708943（邮购）　0411-84701466（传真）
邮　　箱：dutp@dutp.cn
网　　址：http://dutp.dlut.edu.cn

印　　刷：辽宁新华印务有限公司
幅面尺寸：139mm×210mm
印　　张：5
字　　数：88 千字
版　　次：2021 年 9 月第 1 版
印　　次：2021 年 9 月第 1 次印刷
书　　号：ISBN 978-7-5685-2995-2
定　　价：39.80 元

出版者序

高考，一年一季，如期而至，举国关注，牵动万家！这里面有莘莘学子的努力拼搏，万千父母的望子成龙，授业恩师的佳音静候。怎么报考，如何选择大学和专业？如愿，学爱结合；或者，带着疑惑，步入大学继续寻找答案。

大学由不同的学科聚合组成，并根据各个学科研究方向的差异，汇聚不同专业的学界英才，具有教书育人、科学研究、服务社会、文化传承等职能。当然，这项探索科学、挑战未知、启迪智慧的事业也期盼无数青年人的加入，吸引着社会各界的关注。

在我国，高中毕业生大都通过高考、双向选择，进入大学的不同专业学习，在校园里开阔眼界，增长知识，提

升能力，升华境界。而如何更好地了解大学，认识专业，明晰人生选择，是一个很现实的问题。

为此，我们在社会各界的大力支持下，延请一批由院士领衔、在知名大学工作多年的老师，与我们共同策划、组织编写了“走进大学”丛书。这些老师以科学的角度、专业的眼光、深入浅出的语言，系统化、全景式地阐释和解读了不同学科的学术内涵、专业特点，以及将来的发展方向和社会需求。希望能够以此帮助准备进入大学的同学，让他们满怀信心地再次起航，踏上新的、更高一级的求学之路。同时也为一向关心大学学科建设、关心高教事业发展的读者朋友搭建一个全面涉猎、深入了解的平台。

我们把“走进大学”丛书推荐给大家。

一是即将走进大学，但在专业选择上尚存困惑的高中生朋友。如何选择大学和专业从来都是热门话题，市场上、网络上的各种论述和信息，有些碎片化，有些鸡汤式，难免流于片面，甚至带有功利色彩，真正专业的介绍文字尚不多见。本丛书的作者来自高校一线，他们给出的专业画像具有权威性，可以更好地为大家服务。

二是已经进入大学学习，但对专业尚未形成系统认知的同学。大学的学习是从基础课开始，逐步转入专业基础课和专业课的。在此过程中，同学对所学专业将逐步加深认识，也可能会伴有一些疑惑甚至苦恼。目前很多大学开设了相关专业的导论课，一般需要一个学期完成，再加上面临的学业规划，例如考研、转专业、辅修某个专业等，都需要对相关专业既有宏观了解又有微观检视。本丛书便于系统地识读专业，有助于针对性更强地规划学习目标。

三是关心大学学科建设、专业发展的读者。他们也许是大学生朋友的亲朋好友，也许是由于某种原因错过心仪大学或者喜爱专业的中老年人。本丛书文风简朴，语言通俗，必将是大家系统了解大学各专业的一个好的选择。

坚持正确的出版导向，多出好的作品，尊重、引导和帮助读者是出版者义不容辞的责任。大连理工大学出版社在做好相关出版服务的基础上，努力拉近高校学者与读者间的距离，尤其在服务一流大学建设的征程中，我们深刻地认识到，大学出版社一定要组织优秀的作者队伍，用心打造培根铸魂、启智增慧的精品出版物，倾尽心力，

服务青年学子，服务社会。

“走进大学”丛书是一次大胆的尝试，也是一个有意义的起点。我们将不断努力，砥砺前行，为美好的明天真挚地付出。希望得到读者朋友的理解和支持。

谢谢大家！

2021 年春于大连

前　言

数字化、信息化、网络化时代的到来，让人们沉浸于手机、电脑、互联网营造的世界中不能自拔。工作、信息查询、购物、聊天、游戏、订餐等工作与生活需求足不出户就可以得到满足，人们尽情地享受着新科技所带来的便利和舒适。中国在高铁、航空航天、量子通信、纳米材料、国防军事等领域的研究取得突出的成果，“神舟号”载人飞船上天、“嫦娥号”登月成功、“墨子号”卫星实现量子通信、“辽宁号”航母下水、“歼-20”隐形战机列装、“天问一号”登陆火星等一系列重大科技成果带给人们强烈的震撼。需要指出的是，这些成果的理论基础之一就是物理。历史上，物理的发展已经带来了三次科技革命，极大地改变了我们的世界。随着量子理论的发展和量子计算技术的突破，很可能在不久的将来会再次引起一场新的科技革命，再次改变我们的生活。那么，究竟什么是物理学？物理学学什么？物理学专业毕业生的就业和未来发展前

景如何?为解决大家面临的这些困扰,我们编写了这本《什么是物理学?》。

本书结合物理学的发展历程,介绍物理学所涵盖的内容,说明物理学是什么。通过了解社会为何花费巨资支持物理学研究以及物理学如何影响我们的生活乃至社会的发展,理解物理学的重要性。通过介绍物理学分支以及相关学科的研究内容,了解物理学在各学科中的基础地位,理解为什么大学的很多专业要求高考时选择物理科目。介绍物理学的学习方法、大学阶段物理学的相关专业以及现阶段物理学专业毕业生的去向,为高中生、大学生今后的进一步学习提供参考。并通过介绍物理学面临的前沿问题,对物理学的未来发展进行展望。

本书中"析万物之理:物理学""缤纷物理学""为什么要学物理学"由孙平编写,"如何学好物理学""物理学学科的地位与优势""物理学发展展望"由李健编写。全书的编写尽可能地深入浅出,突出科普性、趣味性和可读性,用通俗的语言讲述物理学是什么、学什么和做什么,通过实例介绍物理学取得的成就和发展。物理学涉及的学科太多,应用的领域太广,基础性又太强。虽然作者尽心竭力,但由于水平所限,书中不足之处在所难免,恳请读者不吝赐教。

编著者

2021 年 4 月

目　录

析万物之理：物理学

判天地之美，析万物之理。

——庄子

▶▶万物及其变化机理——物理学的研究对象

这是什么，为什么会这样啊？在好奇心的驱使下，我们观察周围的事物，并试图理解所看到的事物，这构成了物理学的基本内容。我们祖先肯定对周围的自然现象感到惊讶和敬畏，从日出日落到四季变化，从风雨雷电到日月星辰。今天，我们依然对宇宙的美丽和运转充满好奇，不同的是我们可以用专门的仪器设备观测宇宙，以满足我们的好奇心。对所观测事物的理解，我们也有了更多专门的工具。而且，这些专门的仪器设备和工具对我们理解所观测的事物越来越重要。

那么，什么是物理学呢？《辞海》是这样描述的：物理学简称“物理”。源出希腊语 physis，意即“自然”。在古

代欧洲，物理学一词是自然科学的总称。随着自然科学的发展，它的各部门已分别形成独立学科，如数学、化学、天文学、生物学、地质学等。在现代，物理学是自然科学中的一个基础部门，研究物质运动最一般的规律和物质的基本结构。物理学的知识和方法已成为许多自然科学部门和生产技术的基础。通常根据所研究的物质运动形态和具体对象的不同，分为力学、声学、热学和分子物理学、电磁学、光学、原子物理学、原子核物理学、固体物理学等部门，每一部门又包含若干分支学科，但分类并不十分确定，而且随着科学的发展不断发生变化。例如：力学经历长期的发展早已是独立的学科，并分为流体力学、弹性力学等分支；基本粒子物理学、等离子体物理学、凝聚态物理学等迅速发展并逐渐形成新的学科。随着物理学在各方面的广泛应用，又陆续形成了许多边缘学科（如化学物理、天体物理、生物物理、生物力学等），并发展出许多最重要的尖端技术（如原子能技术、半导体技术及激光技术等）。

物理学的研究对象是自然界中的所有事物，是宇宙里所有的存在。大概你能想起来的事情都是物理学的研究对象。其基本组成要素为物质、能量、空间、时间及它们的相互作用，并借由基本定律与法则来完整了解这个系统。若这样描述物理学有点抽象的话，我们就来简要看一下它的历史，以便进一步认识物理学。

▶▶古往今来——物理学

➡➡从神创论到认知世界

我们的祖先相信，自然界的运行受诸神的控制。当人类挑战神的权威时，他们会惩罚我们。公元前 7 世纪至公元前 6 世纪，古希腊文化进入一个繁荣时期，人才辈出。据说公元前 600 年在古希腊一个叫米利都城的地方，住着一位智者叫泰勒斯（Thales）。在某一个仲夏夜，这位先生突然想明白了一个道理，就是我们生活在其中的这个世界并不仅仅是由神创造的，而且是人可以理解的。人可以理解世界，这代表着人类开始主动认知世界。从那时起，物理学就诞生了，并一直在艰难中前行。

从相信神能够帮助人们实现在现实中无法达成的愿望，到相信自己可以通过对自身智力的理性运用去理解世界的运转，这是一个很大的变化。同时，对神的信仰逐渐被一系列概念和技术所取代，这些概念和技术融合到物理学中，成为探索宇宙的综合方法，例如 physics 一词的出现。

古希腊杰出的代表是亚里士多德（Aristotle，公元前 384—前 322），这位百科全书式的学者，系统研究了运动、空间和时间等物理及相邻自然科学方面的问题，著有《物理学》《论天》《形而上学》《工具论》等巨著，其中《物理学》一书，是“physics”一词最早的起源，意思是自然。可见，

物理学就是关于自然的科学。我国小学有一段时间开自然课，我们应该将其理解为物理课。

除了人类的好奇心和对认知世界的渴望，物理学的发展还需要的条件是仔细观察和记录自然事件，如行星有规律的运动。后来出现了定量分析，数学成为物理学的语言，是处理数据、表达物理思想、为物理世界建模和预测其行为的最强大、最简洁、最精确的方式。另外两个条件是“实验”的概念和理论物理学的发展。实验是现实中人为限制的一部分，旨在测试一个特定的想法，通常是将观察和定量数据记录相结合；理论物理学是用数学来分析和解释物理行为和实验结果。这些元素并非一下子就出现在一个地方，而是几千年来在不同的国家和不同的文化中形成的。在古希腊人之前，苏美尔人和巴比伦人制作了星星的目录，埃及人建立了实用数学来记录尼罗河泛滥，中国人发明了算盘和磁罗盘，印度数学家发展并广泛传播了基本的数学思想，如零作为数字和负数的概念，在中美洲，玛雅人发展了复杂的天文系统和历法。

世间万物都不是一成不变的，我们生活在变化之中。在日常生活中，我们不断地看到并感受运动及其带来的影响，例如，乘坐汽车时随着汽车的启动和制动，身体随之晃动。古希腊思想家对物体的运动进行了研究，亚里士多德对运动的分析包含了一些真知灼见。他认为，运行的天体是物质的实体，地球是球形的，是宇宙的中心。

整个宇宙由环绕地球的七个同心球壳所组成，月亮、太阳、星星在其上做圆周运动。地球和天体由不同的物质组成，地球上的物质由水、气、火、土四种元素组成，天体由第五种元素“以太”构成。对于这些观点，用我们今天的知识很容易指出其错误。但在两千多年前，亚里士多德敢于主张“地球是球形的”，较之远古人的“大地是平坦的”，已经是人类认识上的一大飞跃。亚里士多德的著作论述过力学问题。他如此解释杠杆理论：距支点较远的力更易移动重物。因为他画出一个较大的圆，他把杠杆端点重物的运动分解为切向的（他称为“合乎自然的”）运动和法向的（他称为“违反自然的”）运动。亚里士多德关于落体运动的观点是：“体积相等的两个物体，较重的下落得较快。”他甚至说，物体下落的快慢精确地与它们的重量成正比。这个错误观点对后世影响颇大，直到意大利物理学家伽利略（Galileo，1564—1642）在1589年登上比萨斜塔（始建于1174年），用实验证明了一个100磅重和一个半磅重的两个球体几乎同时落地，才纠正了这个错误观点。

观察自然界自然离不开光，光能够让我们感知远方的事物。亚里士多德认为，白色是一种再纯不过的光，而平常我们所见到的各种颜色的光是因为某种原因而发生变化了的光，是不纯净的。直到17世纪，大家对这一结论仍坚信不疑。为了验证这一观点，牛顿把一个三棱镜

放在阳光下，阳光透过三棱镜后形成了红、橙、黄、绿、蓝、靛、紫七种颜色的光。牛顿得到了跟人们原先一直认为正确的观点完全相反的结论：白光是由这七种颜色的光组成的，这七种光才是纯净的。

➡➡从日心说到经典力学

在文艺复兴时期，也就是从 14 世纪到 17 世纪，新的文化、艺术和科学思想在欧洲开花结果，欧洲涌现了一批重要人物，推动了物理学及其研究的发展。波兰数学家尼古拉·哥白尼(Nicolaus Copernicus，1473—1543)就是其中之一，他在天文学和宇宙学上取得了突破，被称为“哥白尼革命”。托勒密早先用天文数据建立了一个以地球为中心的宇宙模型。这个地心说被接受了几个世纪，但是在 1543 年，哥白尼在他的《天体运行论》一书中提出“太阳是宇宙的中心，地球是围绕太阳旋转的一颗行星”的日心说。根据日心说，哥白尼将观测到的行星按照它们与太阳的距离的正确顺序进行了排列，但他坚持柏拉图的观点，即天体轨道必须是完美的圆形，这跟之前托勒密的观点一致。但天体轨道是圆形的观点也出现了问题，即与观测的数据不相符。如果不对行星轨道进行人为的调整，就无法解释观测到的行星运动，但是这些调整又没有物理学基础。

解决这个问题的任务落在了德国天文学家约翰内斯·开普勒(Johannes Kepler，1571—1630)的身上。他发现，无论如何对圆形轨道进行修补，都无法重现所观察到的火星运动，但椭圆形轨道可以。开普勒用行星运动三定律表达了他的结论：行星的轨道是椭圆的，太阳位于椭圆的一个焦点上；连接行星和太阳的假想线在相同的时间内扫过相同的面积；各个行星绕太阳公转周期的平方和它们的椭圆轨道的半长轴的立方成正比。例如，木星与太阳的距离是地球与太阳距离的5.2倍，它需要11.9年才能绕太阳公转一周。之后，英国科学家艾萨克·牛顿(Isaac Newton，1643—1727)证明了这些明显不同的定律具有共同的来源，那就是万有引力定律。但在牛顿发现万有引力定律之前，伽利略在力学和实验技术方面的探索，为经典物理学的形成奠定了基础。伽利略是帕多瓦大学的数学教授，有良好的数学基础。从1610年开始，他制造和使用天文望远镜，发现了木星的四颗最大的卫星，并观察到金星和月亮一样有月相。这是证明太阳系是以太阳为中心而不是以地球为中心的有力证据。1632年，他在《关于托勒密和哥白尼两大世界体系的对话》中对哥白尼体系的辩护被教会视为与圣经相悖，受到了教会的审判和惩罚。

1687年，牛顿出版了《自然哲学的数学原理》。在这本开创性著作中，他提出了运动三定律，成为经典力学的理论基石。运动三定律几乎解释了所有的运动现象，直到相对论和量子力学出现，对高速运动物体和微观粒子

运动给出了更本质的解释。后来，牛顿提出了万有引力定律，该定律展示了如何计算任意两个物体之间的万有引力。万有引力定律体现了开普勒三大定律，使预测天体和地球的运动成为可能。对于刚开始学习物理的学生来说，万有引力定律非常简单，它几乎完美地描述了天体的运动，直到 1915 年阿尔伯特 · 爱因斯坦（Albert Einstein，1879—1955）发展出广义相对论，给出了更准确的预测。

牛顿还是位数学家，他和德国哲学家、数学家莱布尼茨同时创立了微积分并应用于力学。后来，欧拉等人进一步使力学沿分析方向发展，建立了分析力学。至此，在低速情况下，宏观物体的机械运动所遵循的规律——经典力学已建立起来。通常我们把经典力学称为牛顿力学，它的建立被认为是第一次科学革命。牛顿也被誉为科学史上的一位巨人，他代表了整整一个时代。

➡➡从摩擦生热到热力学

19 世纪的物理学家们还在关注另一个无法回避的问题：热是什么？

1798 年，美国科学家本杰明 · 汤普森 · 拉姆福德观察到，研磨炮管时摩擦会产生无限的热量。他的结论是，热不可能是一种能消除热量的物质，而一定与运动有关。他的推测得到了实验验证。实验结果表明，给定的功总能产生等量的热，并能够确定与这种机械功等效的热的数值。这种能量转化和守恒定律，其另一种表达形式是热力学第一定律，这和进化论及细胞学说并列为当时的三大自然发现。能量的转化和守恒是一回事，但能量的可利用性是另一回事，这种研究促进了1851年热力学第二定律的发现。

法国工程师萨迪·卡诺进一步发展了热力学。由于对蒸汽机的性能感兴趣，1824年，他推导出了任意热机的最高效率的一般规律。他在分析中引入了一个重要的物理量——熵。熵衡量了在任何热力学过程中或使用热量的发动机做功时不可用热能的量。后来，物理学家在进行低温研究时认识到，“绝对零度”(－273.15 ℃)是不可能达到的，这就是热力学第三定律。同时，物理学家意识到，如果两个热力学系统中的每一个都与第三个热力学系统处于热平衡(温度相同)，那么它们彼此也必定处于热平衡。这种热平衡现象的基本规律是热现象的基础，是一切热现象的出发点，应列入热力学定律。因为这时热力学第一、第二定律都已有了明确的内容和含义，有人提出这应该是热力学第零定律。于是，热力学形成了一个以四个定律为基础的完整理论体系。

热与分子运动密切相关，它将牛顿力学与热行为联系起来。当气体分子被视为一群微小的移动质量时，我们就清楚地认识到，系统的温度直接反映了分子的动能。这种气体的动力学理论是由奥地利物理学家路德维希·

玻尔兹曼首创的，它为原子尺度的世界提供了一种新的方法，这个世界在20世纪受到越来越多的关注。热学和热力学的微观理论是建立在分子原子理论上的，到19世纪末期，从分子运动论逐渐发展到统计物理，建立了统计物理学。

➡➡从闪电到电磁学

美国科学家本杰明·富兰克林首次用风筝把“天电”引入实验室，提出了闪电与电的关系。他认为，电是一种流体。1780年，意大利研究人员路易吉·伽瓦尼发现电能使死青蛙的腿抽搐，这一发现表明电和生命是有联系的。亚历山德罗·伏打在1800年发明了伏打电池（伏打电堆）。英国的卡文迪许用实验精密地证明了静电力与距离的二次方成反比，再经过法国人库仑的研究，最后确立了静电学的基础——库仑定律。

电荷的流动显现为电流，电流有磁效应，电能生磁。那磁能否生电呢？1831年，英国物理学家法拉第发现，变化的磁场可以诱发电流，从而在电和磁之间建立了新的联系，发现并确立了电磁感应定律。这一划时代的伟大发现是今天广泛应用的电力的开端。完整地总结电和磁的联系的工作是由麦克斯韦完成的。1865年，麦克斯韦将法拉第的研究结果与其他所有关于电和磁的知识融合为一体。后来，这一理论被简化为四个被称为麦克斯韦方程组的数学表达式。

麦克斯韦方程组的形式极为对称和优美，被誉为物理学上“最美的一首诗”，是19世纪物理学最辉煌的成就之一。至此，经典电磁学建立起来了。出人意料的是，该方程组表明电磁波可以产生并以已知的光速传播。为什么电磁波传播的速度是光速，难道光是电磁波？之后的实验证明，光确实是一种电磁波，最终确定了光的真实性质。

❖❖从光是微粒到光是波：波动光学的建立

光现象是一类重要的物理现象，是一种无形的自然元素。那么光的基本结构和速度，即光的本质是什么？这个问题长期以来一直是个谜，是物理学要回答的问题。

根据光的直线传播性，牛顿认为光是一种微粒流，微粒从光源飞出来，在均匀介质内遵从力学定律做匀速直线运动，并且用这种观点对折射和反射现象做了解释。然而，光显示出了一个看似矛盾的现象：它会在障碍物周围弯曲，就像水波在防波堤周围弯曲一样，表明它是波浪状的。因此，荷兰科学家克里斯蒂安·惠更斯反对光的微粒说，认为光由在填充以太介质的空间中传播的波组成，称为波动说。于是这两种学说展开了旷日持久的论战，开始，由于牛顿在科学界的威望以及光在均匀介质中的直线传播、折射与反射现象等实验的支持，微粒说占据有利地位。后来，英国有一个物理学家叫托马斯·杨，他做了一个实验，光通过两个狭缝后，在后面放置的观察屏

上得到了差不多是等间距的、明暗相间的干涉条纹。这个实验现在叫杨氏双缝干涉实验,这显示光是波。最后,由麦克斯韦经过理论推导,确认了光实际上是一种电磁波,波动光学由此建立起来。

到 19 世纪末 20 世纪初,经典物理学理论已经系统、完整地建立起来,它包括经典力学、热力学、统计物理学、电磁学、光学。至此,经典物理学辉煌的科学大厦建立起来了。

➡➡光的波动性与微粒性再起之争:近代物理学的建立

世界上最神秘的东西可能就是光了。光是什么?牛顿认为,光是微小的粒子。所有的发光物体,不管是太阳还是蜡烛,都在不断发射出无数的粒子,就像机关枪打出的一串串子弹一样,这就是牛顿的微粒学说。惠更斯认为光是波,因为它有干涉、衍射现象。但是,光的波动学说同样也存在困难。譬如,遥远的星光照射到地球上,它们穿过的是空无一物的太空。惠更斯认为太空并不是真空,而是充满了一种看不见摸不着的物质,称为以太。但是,无论物理学家怎么努力也检测不到以太的存在。相反,后来的迈克尔逊-莫雷实验证明以太是不存在的。迈克尔逊和莫雷在 1887 年的这个实验,动摇了经典物理学基础,成为近代物理学的一个开端。在同一时间段,科学家在研究黑体辐射时发现,以经典物理学理论计算得出的黑体辐射强度会随辐射频率上升而趋向于放出无穷大能量。这样的理论结果与实验数据无法吻合，史称“紫外灾变”。

事情还有更糟的，在迈克尔逊-莫雷实验的同一年，德国物理学家赫兹发现了一个神奇的物理现象——光电效应现象。光电效应现象，简单说就是光照射到金属上，金属里的自由电子会逸出金属表面，成为光电子，形成光电流。光电效应现象还有个特别之处，就是照射金属的光的频率一定要大于某个数值。频率小于这个数值的光照射，无论光有多强，都没有电子逸出。

如何用物理学解释黑体辐射和光电效应现象？这个问题摆在了当时的科学家面前。普朗克提出能量是分离的，用量子化的能量子概念解释了黑体辐射。受此启发，1905 年爱因斯坦提出了光量子概念，解释了光电效应现象。其中心思想就是光束是一群离散的量子（粒子，现称为光子），而不是连续性的波动。每一个量子所拥有的能量等于频率乘以普朗克常数。假若量子的频率大于某一极限频率，则这个量子拥有足够能量来使得一个电子逃逸，形成光电效应。

好像事情又回到了原点，光又变回了粒子。那么又如何理解光的波动性呢？科学家这样解释，光子既具有一粒一粒的粒子的特性，又有像声波一样的波动性。当时间为瞬时值时，光子以粒子的形式传播，当时间为平均值时，光子以波的形式传播，即光具有波粒二象性。光在

传播的时候体现其波动性，在和物质作用的时候体现其粒子性。光子在传播的时候，会在周围产生波。如图1所示，2015年，瑞士联邦理工学院的科学家首次拍摄到同时以波和粒子形式存在的光线照片，证明了爱因斯坦的理论，即光线这种电磁辐射同时表现出波和粒子的特性。照片中，底部的切片状图像展示了光线的粒子特性，顶部的图像展示了光线的波动性。

图1　同时以波和粒子形式存在的光

1923年，德布罗意提出了物质波假说，将波粒二象性运用于电子之类的粒子束，把量子论发展到一个新的高度。后来薛定谔沿着物质波概念成功地确立了电子的波动方程。海森堡创立了解决量子波动理论的矩阵方法。玻恩与另一位物理学家约尔丹合作，将海森堡的思想发展成为系统的矩阵力学理论。薛定谔发现波动力学和矩阵力学从数学上是完全等价的，由此统称为量子力学。量子力学是描述微观物质的理论，许多物理学理论和学科如原子物理学、固体物理学、核物理学和粒子物理学以及其他相关的学科都是以量子力学为基础的。

量子论是现代物理学的两大基石之一，另外一个是相对论。相对论的创立也与光有关。

19 世纪末，牛顿力学和麦克斯韦电磁理论趋于完善，但当人们运用伽利略变换解释光的传播等问题时，仍发现一系列尖锐矛盾，由此，人们对经典时空观开始产生疑问。所谓经典时空观，就是人们认为时间和空间是各自独立的、绝对的存在，即昨天就是昨天，今天就是今天。爱因斯坦提出物理学中新的时空观，他认为时间和空间各自都不是绝对的，绝对的是它们的整体——时空。在时空中运动的观察者可以建立“自己的”参照系，可以定义“自己的”时间和空间，而不同的观察者所定义的时间和空间可以是不同的。时空的变化与运动速度有关。具体来说就是，如果一个在做匀速运动的观察者(G)相对于另一个做匀速运动的观察者(G′)，那么他们所定义的时间(t 与 t')和空间($\{x, y, z\}$ 与 $\{x', y', z'\}$)之间满足洛伦兹变换，而在这一变换关系下就可以推导出“尺寸收缩”“时钟变慢”等效应。这导致了光速是极限速度，以及质量和能量的等价性，即物体的质量(m)是它所含能量(E)

的量度：$E=mc^2$（c 为真空中的光速）。爱因斯坦的广义相对论认为引力是由空间-时间弯曲的几何效应的畸变引起的，因而引力场影响时间和距离的测量。

广义相对论在天体物理学中有着非常重要的应用：它直接推导出某些大质量恒星会终结为一个黑洞（时空中的某些区域发生极度的扭曲以至于连光都无法逸出），能够形成黑洞的恒星最小质量称为昌德拉塞卡极限。广义相对论还预言了引力波的存在，现已被直接观测所证实。此外，广义相对论还是现代宇宙学的膨胀宇宙模型的理论基础。相对论揭示了自然界万物之间存在深刻的内在联系和统一性，为研究微观世界的高速运动确立了全新的数学模型，给物理学带来了革命性的变化，更新了人们的世界观，对现代哲学产生了深远的影响。

▶▶从原子到火星：空间维度看物理学

当听到中国的嫦娥探测器奔月，把月亮上的土壤带回地球时，我们说这是物理；当看到美国的"毅力号"火星车和中国的"天问一号"探测器发回的火星照片时，我们说这是物理。物理学是研究物质结构和运动基本规律的学科，或者说是研究自然界最基础形态的学科。它研究宇宙间物质存在的各种基本形式、内部结构、相互作用及运动基本规律。物理学的研究对象包括火星、月球，也包括我们周围的一切。它的研究对象大到整个宇宙，小到这个世界上最小的存在——原子，原子里面的原子核，原子核里面的中子和质子，甚至是中子和质子里面的夸克结构。

物理学的研究范围也和它自身的发展一样，经历着历史的变化。物理学对客观世界的描述已由可与人体大小相比的范围（称为宏观世界）向两个方向发展：一是向小的方面——原子内部（称为微观世界）；二是向大的方面——天体、宇宙（称为宇观世界）。近年来随着高科技的发展，要求器件微型化、超微型化，出现了呈现微观特性的准宏观世界，称为介观世界。

如图 2 所示的图像由高分辨率相机在距离火星表面 330～350 千米的高度拍摄，分辨率约为 0.7 米。成像区

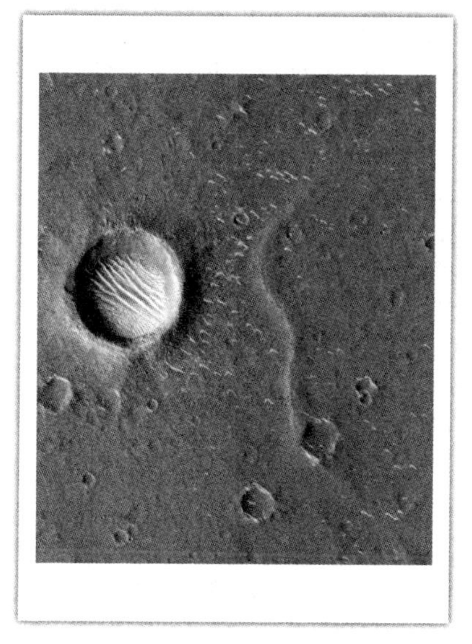

图 2　国家航天局发布的“天问一号”探测器拍摄的火星影像图

域内火星表面小型环形坑、山脊、沙丘等地貌清晰可见。据测算，图中最大撞击坑的直径约为620米。

➡➡宇观世界

宇观世界的尺度大于1×10^7米。按物体线度从大到小排列为：总星系、星系团、银河系、太阳系、地球、月球等。

先说我们居住的地球。我们的地球很大，平均半径约为6 371千米。平均距离太阳约为1.496亿千米(定义为1天文单位)，围绕太阳公转。太阳的直径约为139.2万千米，约是地球的109倍。太阳的体积约为1.41×10^{18}立方千米，约是地球的130万倍。太阳的质量近1.989×10^{27}吨，约是地球的33万倍，它集中了太阳系99.865%的质量，共有水星、金星、地球、火星、木星、土星、天王星和海王星八颗围绕太阳运转的行星。太阳、行星及其卫星、矮行星、小行星、彗星和行星际物质构成了太阳系。将太阳引力为零的边界作为太阳系的边界，那么太阳系的半径有100 000个天文单位。1天文单位$\approx1.5\times10^8$千米。可见，太阳系有多大！

但是，太阳系作为银河系的组成部分，只是银河系中的一个点。太阳至银河系中心的距离很远，天文单位都有点小了，于是定义了光年。什么是光年？光年是一种天文单位，代表着距离，从字面理解就是光在一年的时间里走的距离。光的速度是最快的，光速是299 792 458米每秒(准确值)。一年的定义值为365.25日,光在一年里走的距离就是一年的时间乘以光的速度,为9 460 730 472 580 800米,记为一光年,约等于9.460 7 $\times10^{15}$米。太阳至银河系中心的距离大约是2.6万光年,太阳绕银河系公转一周需要2.26亿年。银河系为圆盘状,银河系直径约为10万光年,拥有近2 000亿颗恒星。假设有一个接近光速的宇宙飞船从银河系的一端到另一端,它将需要至少10万年的时间。

在宇宙中,没有最大,只有更大。银河系有两个伴星系:大麦哲伦星系和小麦哲伦星系。伴星系就是围绕银河系旋转的星系,就像地球的卫星月球围绕地球旋转一样。大麦哲伦星系和小麦哲伦星系都是银河星系群的成员,银河星系群的上一级是室女超星系团,而室女超星系团又是拉尼亚凯亚超星系团的一部分。拉尼亚凯亚超星系团包含10万多个星系,跨度有5.2亿光年。迄今为止,人类探索宇宙的能力十分有限,能够观测到的宇宙称为可观测宇宙,直径为930亿光年。在可观测宇宙中,最大的宇宙结构是"宇宙网"。宇宙看起来就如一张大网,其中每一条细线和亮斑,都包含了数以万计的星系,就如星际间的高速路。

➡➡宏观世界

宏观世界的尺度为$1\times10^{-4}\sim1\times10^{3}$米。人们对这个范围内的物质世界研究得比较透彻,其运动服从经典

物理规律。

➡➡微观世界

微观世界的尺度小于 1×10^{-9} 米。人们认识微观世界是从认识原子开始的。原子是构成宏观物质的基本单元，是化学反应不可再分的最小微粒。原子的英文名“atom”是从希腊语转化而来的，原意为不可分割的。浩瀚的宇宙就是由这么小的单元构成的。亚里士多德提出了原子的理论思想，在 17—18 世纪，科学家通过实验证实了原子的存在。19 世纪初英国化学家道尔顿提出了具有近代意义的原子学说：原子是一种元素能保持其化学性质的最小单位。一个原子包含一个致密的原子核及若干围绕在原子核周围带负电的电子。原子核由带正电的质子和电中性的中子组成。原子是化学变化的最小粒子，分子是由原子组成的，许多物质是由原子直接构成的。

这种原子学说的提出开创了化学的新时代，它解释了很多物理、化学现象。直到 20 世纪，电子显微镜和原子力显微镜的发明，才让我们看到了原子的样子。原子直径的数量级大约是 10^{-10} 米，原子的质量极小，一般为 10^{-27} 千克的数量级。

原子在化学反应中不可分割，但在物理状态中可以分割。原子由原子核和绕核运动的电子组成。至于原子核和电子是什么样的结构，科学家提出了各种各样的猜想或者说是模型。如卢瑟福提出的行星模型，玻尔提出的原子模型，德布罗意、薛定谔和海森堡等提出的量子力学原子模型。

研究表明，原子核也由更小的粒子构成。对原子尺度的粒子的研究，采用量子力学理论。

➡➡介观世界

介观世界的尺度为 $1\times10^{-9}\sim1\times10^{-7}$ 米。在这个介于宏观和微观的世界里，量子力学和经典力学同时起作用。

物质的尺度从 $1\times10^{-15}\sim1\times10^{26}$ 米，大小相差了 41 个数量级，几乎都与物理学密切相关。可见，物理学在自然科学中占有的特殊地位。

▶▶物理学之美在于简单和谐的统一？

清华大学 90 周年校庆，杨振宁先生说："自然界的现象的结构非常之美、非常之妙，物理学这些年的研究使得我们对于这个美有了一个认识。"几百年来，人们对物理学中的"简单、和谐、统一"赏心悦目、赞叹不已。

首先，物理规律在各自适用的范围内有其普遍的适用性、统一性和简单性，这本身就是一种深刻的美。物理学家用数学语言来表达这种美时往往使用非常简单的数学表达式。如爱因斯坦的质能方程：$E=mc^2$（其中，m 代表质量，c 表示光速）。形式极为简单，却揭示了物质可以

转换为能量的深刻理论，导致了原子能的利用。因而质能方程被称为“改变世界的方程”。牛顿的万有引力定律：任意两个质点有通过连心线方向上的力相互吸引，该引力大小与它们质量的乘积成正比，与它们距离的平方成反比，与两物体的化学组成和其间介质种类无关；数学表达式为 $F=G\frac{m_1m_2}{r^2}$（其中，G 为引力常数，也就是比例系数，在国际单位制中，$G=6.67\times10^{-11}$ 牛顿平方米每平方千克。这样简单的表达式，却揭示了天体运动的内在规律，使人们建立了理解天地间的各种事物的信心，对物理学的后续发展和天文学的建立产生了深远的影响。

有趣的是，这样的表达式也存在于两个静止的点电荷之间。1785 年，库仑由实验得出真空中两个静止的点电荷之间的相互作用力同它们的电荷量的乘积成正比，与它们的距离的二次方成反比，作用力的方向在它们的连线上，同名电荷相斥，异名电荷相吸。这个规律称为库仑定律，表达式为 $F=k\frac{q_1q_2}{r^2}$（其中，$k=9.0\times10^9$ 牛顿平方米每平方库仑，为比例系数）。

其次，说到和谐，人们曾经认为，只有将相同的东西放在一起才是和谐的，而物理学特别是量子力学的发展揭示的真理，证明了古希腊哲学家赫拉克利特的话：“自然界是从对立的东西中产生和谐的，……而不是从相同的东西中产生和谐的。”万有引力定律说的是两个物体之间的相互作用力，库仑定律说的则是两个点电荷之间的作用力，两者的数学表达式是统一的。

说到统一，爱因斯坦曾说："从那些看来同直接可见的真理十分不同的各种复杂的现象中认识到它们的统一性，那是一种壮丽的感觉。"科学的统一性本身就显示出一种崇高的美。例如物理学中的大统一理论。

自然界中的相互作用力可分为四种：万有引力、电磁力、强核作用力(强力)、弱核作用力(弱力)。理论上宇宙中所有现象都可以用这四种作用力来解释。

这四种相互作用力的大小和作用范围相差悬殊，也大相径庭。然而，科学家却在思索：这四种相互作用力是否有共同之处？能不能在一定条件下得到统一的表达？通过进一步研究四种作用力之间的联系与统一，寻找能统一说明四种相互作用力的理论或模型称为大统一理论。大统一理论，又称为万物之理。第一个付诸行动的是爱因斯坦。爱因斯坦在完成广义相对论的理论建设后，就一直致力于把引力相互作用和电磁相互作用统一起来。而且研究发现，在某些状况下，电磁力和弱核作用力会统一，这个发现使得人类距离大统一理论更近了一步。

需要指出的是，大统一理论尚未得到最后验证，而且霍金在《时间简史》中也指出，也许会发现大统一理论，但这个大统一理论并不是爱因斯坦最初设想的大统一理

论,因为不可能通过一个简单美妙的公式来描述和预测宇宙中的每一件事情,毕竟宇宙是确定性和不确定性的相互统一。

➡➡自然界是完美的对称?

我们的世界似乎是对称的,对称在人们心中显示出平衡之美。在几何学中,对称性很容易被理解。例如:正方形、圆形等图形都具有对称性。植物的叶子大体都是左右对称的;蜻蜓翅膀是对称的;人体尤其是人脸的对称性会展现出美的特征。在显微镜下拍出的一些晶体和原子的微观结构也是对称排列的。

物理学中的对称性没有这么直观。1951 年,德国数学家魏尔提出了关于对称性的普遍定义:如果一个变换使系统从一个状态变到另一个与之等价的状态,或者系统状态在此变换下不变,我们就说系统对于这一变换是对称的。这里所说的系统就是研究的对象。把系统从一个状态变到另一个状态的过程称作变换。例如:把一个圆做绕圆心旋转任意角度的变换,其状态和原来是一样的,我们就说圆对于绕圆心的旋转是对称的。由于事物在变换后完全复原,因此变换前后的事物是无法区分的,也无法做出辨别性的测量,故物理学将对称性在变换中的不变性、不可区分性给予相同的含义。

对称性被普遍地认为是物理中最基本的原理。物理定律的对称性意味着物理定律在各种变换条件下的不变性。物理定律具有平移对称性，在不同的地点重复实验，所得出的物理规律是不变的。也就是说，地球上的物理定律跟月球上的物理定律是一样的。例如：在地球上通过实验得出的万有引力定律跟在月球上得出的万有引力定律完全相同。物理定律在空间平移变换中是不变的，我们就说空间是均匀的。物理定律具有旋转对称性。例如：牛顿第二定律 $F=ma$ 在空间旋转变换中是不变的，就是我们把坐标轴旋转，虽然矢量的各个分量变了，但总的方程式 $F=ma$ 是不变的。物理定律在各个方向上不变，说明空间是各向同性的，也就是空间没有一个方向是特殊的。另外，空间还有反射对称性，即空间对镜子成像是对称的。同样，对于时间，过去、现在、未来的物理定律是一样的，我们说时间具有均匀性。

那么，对称性对物理世界有什么益处呢？

诺特定理将物理学中“对称”的重要性推到了前所未有的高度。1918 年，德国女数学家艾米·诺特发现了对称性与守恒定律的对应关系，因此被称为“诺特定理”。例如：物理系统对于空间平移的不变性给出了线性动量的守恒定律；对于转动的不变性给出了角动量的守恒定律；对于时间平移的不变性给出了著名的能量守恒定律。对称如此美妙，以至于物理学家们形成了这样一种思维定式：只要发现了一种新的对称性，就要去寻找相应的守恒定律；反之，只要发现了一条守恒定律，也总要把相应

的对称性找出来。

物理学家们似乎还不满足，1926 年，维格纳提出了宇称守恒定律，把对称性和守恒定律的关系进一步推广到微观世界。那么，什么是宇称守恒？“宇称”就是指一个基本粒子与它的“镜像”粒子完全对称。例如：人在照镜子时，镜中的像和自己总是具有完全相同的性质，包括容貌、装扮、表情和动作。同样，一个基本粒子与其“镜像”粒子的所有性质也完全相同，它们的运动规律也完全一致，这就是“宇称守恒”。假如这个粒子是顺时针旋转，那么它的“镜像”粒子是逆时针旋转，但它们的所有规律都是相同的，因此，这个粒子与其“镜像”粒子宇称守恒。

听起来，所谓的“宇称守恒”似乎并没有什么特别之处，而且在 1926 年之前就有人提出了牛顿运动定律具有镜像对称性。不过，以前科学家们提出的那些具有镜像对称的物理定律大多是宏观的，而宇称守恒定律则是针对组成宇宙间所有物质的最基本的粒子。如果这种物质最基本层面的对称能够成立，那么对称就成为宇宙物质的根本属性。

由于对称，每一个物质粒子都有一个对应的反物质粒子，它们的电荷相反。理论上对此早有预测，但是实验验证是在 1930 年，物理学家赵忠尧首先发现了正电子以及正负电子湮灭；1932 年，美国物理学家安德森利用电子在磁场中的偏转，发现了与电子的质量相同的正电子，并因此获得了 1936 年诺贝尔物理学奖。所谓正负电子湮灭就是正电子遇到电子以后两者都会消失,同时放出两个伽马光子。反之,就是两个光子湮灭产生一个电子和一个正电子。既然有反物质粒子,那么宇宙另一边是否还存在着与我们物质世界相反的世界呢?这个问题正在探索中。欧洲航天局的伽马射线天文观测台,证实了宇宙间反物质的存在。科学家对宇宙中央的一个区域进行了认真的观测分析,发现这个区域聚集着大量的反物质。此外,伽马射线天文观测台还证实,这些反物质来源很多,它不是聚集在某个确定的点周围,而是广布于宇宙空间。1996 年,在日内瓦的欧洲核子研究中心,人类在实验室首次合成了氢的反物质——反氢。1998 年 6 月 2 日,美国“发现号”航天飞机携带阿尔法磁谱仪发射升空。阿尔法磁谱仪是专门用来寻找宇宙中反物质的仪器,然而此次飞行并没有发现反物质。

➡➡世界不完美,自然界是非对称的

物理定律的守恒性具有极其重要的意义,有了这些守恒定律,自然界的变化就呈现出一种简单、和谐、对称的关系,也就变得易于理解。所以,科学家对守恒定律有一种特殊的情感。当我们明白了各种对称性与物理守恒定律的对应关系后,也就明白了对称性原理的重要意义。

事实上,宇称守恒的理论几乎在所有的领域都得到了验证——除了弱力。我们知道,现代物理学将物质间

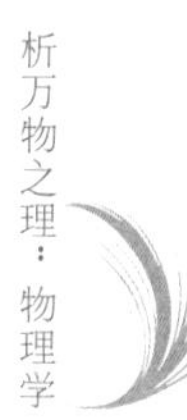

的相互作用力分为四种:引力、电磁力、强力和弱力。在强力、电磁力和引力作用的环境中,宇称守恒的理论都得到了很好的验证,正如我们通常认为的那样,粒子在这三种环境中表现出了绝对的、无条件的对称。在普通人眼中,对称是完美世界的保证;在物理学家眼中,宇称守恒如此合乎科学理想。于是,弱力环境中的宇称守恒虽然未经验证,也理所当然地被认为是正确的。

然而在1956年,两位美籍华裔物理学家李政道和杨振宁大胆地对"完美的对称世界"提出了挑战,矛头直指宇称守恒,这也成为20世纪物理学界最震撼的事件之一。引发这次震撼事件的最直接原因,是已让学者们困惑良久的"θ-τ之谜",它是宇称守恒绕不过去的坎儿。

20世纪50年代初,科学家们从宇宙射线里观察到两种新的介子(即质量介于质子和电子之间的粒子)——θ和τ。这两种介子的自旋、质量、寿命、电荷等完全相同,很多人认为它们是同一种粒子。但是,它们却具有不同的衰变模式,θ衰变时会产生两个π介子,τ衰变时则产生三个π介子,这说明它们遵循着不同的运动规律。

假使θ和τ是不同的粒子,它们怎么会具有一模一样的质量和寿命呢?而如果承认它们是同一种粒子,二者又怎么会具有完全不一样的运动规律呢?为了解决这一问题,物理学界曾提出过各种不同的想法,但都没有成功。物理学家们都小心翼翼地绕开了"宇称不守恒"这种可能。你能想象一个电子和另一个电子的运动规律不一样吗？当时的物理学家们可没这胆量。

1956年，李政道和杨振宁深入细致地研究了各种因素之后，大胆地断言：θ 和 τ 是完全相同的同一种粒子（后来被称为K介子），但在弱相互作用的环境中，它们的运动规律却不一定完全相同。通俗地说，这两个相同的粒子如果互相照镜子的话，它们的衰变方式在镜子里和镜子外居然不一样！用科学语言来说，“θ-τ”粒子在弱相互作用下是宇称不守恒的。

“弱相互作用下粒子宇称不是守恒的”这一说法的提出震惊了当时的物理学界。但“θ-τ”粒子只是作为一个特殊例外，因为人们还是不愿意放弃整个微观粒子世界的宇称守恒。但此后不久，物理学家吴健雄用一个巧妙的实验验证了“宇称不守恒”，从此，“宇称不守恒”真正成为一条具有普遍意义的基本科学原理。

吴健雄用两套实验装置观测钴60的衰变，她在极低温（0.01 K）下用强磁场把一套装置中的钴60原子核自旋方向转向左旋，把另一套装置中的钴60原子核自旋方向转向右旋，这两套装置中的钴60互为镜像。实验结果表明，这两套装置中的钴60放射出来的电子数有很大差异，而且电子放射的方向也不能互相对称。实验结果证实了弱相互作用中的宇称不守恒。三位华裔物理学家用他们的智慧赢得了巨大的声誉，为此，李政道和杨振宁获

得 1957 年诺贝尔物理学奖。

不过，为什么粒子在弱相互作用下会出现宇称不守恒呢？原因至今仍然是个谜。

宇称不守恒的发现并不是孤立的。科学家很快又发现，在微观世界里，粒子和反粒子的行为并不是完全一致的！一些科学家进而提出，宇宙大爆炸之初应该产生了等量的物质和反物质，但当今的宇宙却主要为物质世界，可能正是物理定律存在轻微的不对称，使粒子的电荷不对称，导致宇宙大爆炸之初生成的物质比反物质略微多了一点，结果就是大部分物质与反物质湮灭了，剩余的物质才形成了今天我们的世界。如果物理定律严格对称的话，宇宙连同我们自身就都不会存在了。

至此，粒子世界的物理规律的对称性破碎了，世界从本质上被证明是不完美的、有缺陷的。

▶▶解析事物的本质成就物理学

物理学研究的世界是多样的，有数不清的物理现象。那么用什么量来描述这样一个缤纷的世界呢？物理学从各种复杂现象中认识到事物的统一性，将构成自然界的本质作为研究的对象：物质、能量、空间、时间和力。从物理学的观点来看，存在于空间和时间中的物质和能量代表了整个宇宙。物质和能量不像精神或灵魂似的虚无缥缈，是可以被观察者直接感知，可以用测量仪器测量，当然最后都是落到物质上。物质是占据空间并具有质量的存在。还有暗物质，它是一种不可见的实体，构成了宇宙的大部分，但其本质目前仍是未知的。

和物质一样，能量也有多种含义。在物理学中，能量是做功的一种能力。能量分为动能和势能。任何运动的物体都有动能，比如一辆运动的汽车，一个气体分子或者一个在导体中运动的电子。势能是通过改变系统的结构而存储在系统中的能量。例如：将一块石头从地面抬高到悬崖顶部需要做功，做的功以能量的形式存储在石头里，也就是增加了势能。如果石头从悬崖顶部滚下来，势能就会转化为动能。势能存在于原子间的化学键中，也存在于原子核中。根据爱因斯坦质能方程 $E=mc^2$，如果质量(m)转化为大量的能量(E)，势能就会被释放出来。另一种形式的能量是暗能量，它于 1998 年被发现，似乎充满了所有的空间，它加速了宇宙的膨胀。

物质的存在让我们有空间(或位置)的感觉，而位置的变化就是运动，运动又让我们有时间的感觉。对于运动的研究，属于经典力学的范畴。物质有电荷的属性，在这个方向的研究形成了电磁学、电动力学和光学；物质有质量的属性，这就引发了引力的问题。当然，物质还有其他属性，如同位旋等，引起了规范场论的出现。

物质的构成，从微观方向深入下去，牛顿创立的经典力学的局限性就显现出来了。在这个方向上，人们已经了

解原子核的结构，发现大量的基本粒子及其运动规律，建立了核物理学和粒子物理学、原子与分子物理学、量子力学等。物质构成再宏观一点，对分子层面运动规律的探讨是统计物理学研究的主要内容。在宏观方向上拓展到天体，探寻宇宙的创生，成就了天体力学、宇宙学。关于宇宙起源比较流行的观点是美国伽莫夫提出的宇宙“大爆炸”理论。“大爆炸”理论的有力证据是 1965 年观测到的宇宙背景辐射，还有其他的观测结果也支持这一理论。霍金等人认为宇宙从无诞生以及近年来提出的平行宇宙理论和多宇宙理论等，也获得了一定认可。

如何理解时间、空间以及物质之间的关系，构成了近代物理学的主要基石。作为力学和引力理论的基础，牛顿在他的《自然哲学的数学原理》一书中定义了空间和时间的概念，空间与任何外在因素无关，始终保持其相似性和不可移动性，我们称这样的空间是绝对空间。时间是纯粹的，与其他无关。这样的空间和时间定义很符合我们的感知，我们不可能将我们房间里的空间搬到隔壁，隔壁房间的空间，跟我们房间的空间也没有什么不同。而且在两个不同房间中，大家度过的时间是一样的。但是，物理学家爱因斯坦并不这么看，他的相对论理论以及实验都表明空间和时间不是独立的，而是连在一起的，从而形成时空。时空不是固定的，是通过长度收缩和时间膨胀而变化的，这是观察者以不同的速度移动所看到的效果。

缤纷物理学

对一个人来说，所期望的不是别的，而仅仅是他能全力以赴和献身于一种美好事业。

——爱因斯坦

▶▶物理学学科的分类

学科门类和一级学科是国家进行学位授权审核与学科管理、学位授予单位开展学位授予与人才培养工作的基本依据，二级学科是学位授予单位实施人才培养的参考依据。通常而言，“一级学科”“二级学科”是为培养博士、硕士研究生而设置的学科专业目录。对于本科生的教育培养是根据《普通高等学校本科专业目录》(2020 年版)中的规定，本科专业设置按“学科门类”“专业类”“专业”三个层次来设置，其中“专业类”对应《学位授予和人才培养学科目录》(2018 年 4 月更新)中的“一级学科”，“专业”对应《学位授予和人才培养学科目录》(2018 年 4

月更新）中的“二级学科”。大学的“物理学”专业，学科门类属于“理学”，就是我们平时说的“理科”。“物理学”属于物理学类，即专业类别是物理学，物理学是一级学科；所选择的专业是“物理学”专业，对应二级学科。当然，物理学门类中还设有应用物理学、核物理、声学等专业。

根据国务院学位委员会、教育部印发的《学位授予和人才培养学科目录设置与管理办法》（学位〔2009〕10 号）和《学位授予和人才培养学科目录》（2018 年 4 月更新），理学有 14 个一级学科，分别为数学、物理学、化学、天文学、地理学、大气科学、海洋科学、地球物理学、地质学、生物学、系统科学、科学技术史、生态学、统计学。其中，物理学包含的二级学科有理论物理、粒子物理与原子核物理、原子与分子物理、等离子体物理、凝聚态物理、声学、光学、无线电物理。根据《学位授予和人才培养学科目录设置与管理办法》，二级学科目前可由学位授予单位自主设置。如表 1 所示，对应当前物理学研究内容和研究前沿，2021 年硕士招生目录所设二级学科有了较大调整，设有物理学、理论物理、计算物理、粒子物理与原子核物理、原子与分子物理、等离子体物理、空间等离子体物理与技术、量子科学与工程、凝聚态物理、生物物理和软凝聚态、新能源材料与器件、纳米科学与技术、声学、光学、材料与光电子、光电子学、生物医学光子学、健康大数据与智能医学、精密测量物理、无线电物理、能源与材料物理、能源与环境系统工程、新能源科学与工程、医学物理、应用物理25个学科。保留了本科物理类中的物理学、应用物理、核物理、声学，将系统科学与工程细化，增加了软凝聚态、纳米科学、精密测量、能源与材料等新的学科方向。

表1　2021年硕士招生物理学类中所设二级学科

物理学	物理学
	理论物理
	计算物理
	粒子物理与原子核物理
	原子与分子物理
	等离子体物理
	空间等离子体物理与技术
	量子科学与工程
	凝聚态物理
	生物物理和软凝聚态
	新能源材料与器件
	纳米科学与技术
	声学
	光学
	材料与光电子
	光电子学
	生物医学光子学
	健康大数据与智能医学
	精密测量物理
	无线电物理
	能源与材料物理
	能源与环境系统工程
	新能源科学与工程
	医学物理
	应用物理

▶▶物理学分支学科研究的内容

物理学研究大至宇宙，小至基本粒子等一切物质最

基本的运动形式和规律，因此成为其他自然科学的研究基础。物理学起始于伽利略和牛顿时代，它包含的内容很多，现在已成为一门有众多分支的基础学科。

物理学是学习物理学经典理论的专业，其研究内容往往是物理学中的某一领域。具体有研究物体机械运动基本规律的牛顿力学与分析力学，研究物质热运动的统计规律及其宏观表现的热力学与统计力学，研究电磁现象、物质的电磁运动规律及电磁辐射等规律的电磁学与电动力学，研究物体的高速运动效应以及相关的动力学规律的狭义相对论，研究大质量物体附近的物体在强引力场下的动力学行为的广义相对论，以及研究微观物质的运动现象及基本运动规律的量子力学。此外，针对关注的研究方向不同，还有不同的分支学科，如粒子物理学、原子核物理、原子与分子物理、固体物理、凝聚态物理、激光物理、等离子体物理、地球物理、生物物理、天体物理等。

应用物理是以应用为目的的物理学专业。它是以物理学的基本规律、实验方法及最新成就为基础，来研究物理学应用，其目的是将理论物理研究的成果尽快转化为现实的生产力，并反过来推动理论物理的进步。作为二级学科，应用物理是高新技术发展的基础，是多种技术学科的支柱，包括信息科学、材料科学、生命科学、能源与环境科学等。单晶硅技术的研究，为中国硬件产业的发展提供了很好的支持。物理学研究材料的手段，如材料的电磁性能、光性能等，成为材料研究的基础。不同于理论物理，应用物理涉及的是一些非常具体的问题，一般采取实验的方法进行研究。例如：电子科学、计算机科学等行业，如果能够将物理量子理论转化为计算机中的量子计算，将会为这些行业的发展提供非常强大的动力支持，甚至推动社会的发展。

核物理又称原子核物理，研究原子核的结构和变化规律，射线束的产生、探测和分析技术，以及同核能、核技术应用相关的物理问题。它是20世纪新建立的一个物理学分支。它既是一门理论学科，同时又是一门实验学科。核物理发展的最初阶段人们就注意到它的可能应用，并且很快就发现了放射性射线对某些疾病的治疗作用，这是核物理当时就受到社会重视的重要原因。直到今天，核医学仍然是核物理应用的一个重要领域，如核磁共振。由于中子束在物质结构、固体物理、高分子物理等方面的广泛应用，人们建立了专用的高中子通量的反应堆来提供强中子束。中子束也应用于辐照、分析、测井及探矿等方面。中子的生物效应是一个重要的研究方向，快中子治疗癌症的临床应用已取得一定的疗效。这些核物理的应用，构成了应用物理或医学物理的重要部分。核过程在天体演化中起关键作用，核能是天体能量的主要来源。因此，核物理是天文学、宇宙学的基础。通过高

能和超高能射线束和原子核的相互作用,人们发现了上百种短寿命的粒子,即重子、介子、轻子和各种共振态粒子。庞大的粒子家族的发现,把人们对物质世界的研究推到一个新的阶段,建立了一门新的学科——粒子物理,有时也称高能物理。

粒子物理最重要的实验仪器是粒子加速器。建造加速器需耗费大量的财力物力,而且很难有经济上的效益。随着研究的深入,需要对已有的加速器进行改进更新,也需大笔费用。因此,财政困难导致的资金投入不足是粒子物理学研究进展缓慢的一大原因。

根据研究目的和方法,可以把物理学分为理论物理、实验物理与应用物理三个领域。其中,粒子物理与原子核物理、原子与分子物理两个二级学科属于实验物理领域,表1中这两个学科下面的研究方向大多以应用为主,可归到应用物理领域。

理论物理本身可分为基础理论研究和应用理论研究两大部分。从古至今物理学界的泰斗基本都来自基础理论研究这个领域,所以大家通常认为这部分研究内容为物理学本身。基础理论研究是深入探寻自然界最深层次的统一规律,是整个物理学最前沿、最有挑战性的一部分,其成果也是物理学中最核心、最辉煌的。例如:历史上的牛顿力学、麦克斯韦电磁理论,20世纪初的相对论和量子力学以及当前研究的量子场论和超弦理论。应用理论研究包括凝聚态理论、量子科学、原子与分子理论等。这一部分的研究大多采用现有的量子理论来解释各自领域的内在的物理机制。与基础理论研究部分的区别在于,它们采用现有的量子理论在原子层面上解决问题,不探讨粒子的本质。由于应用理论研究很大程度上是对现有基础理论的复杂应用,因而需应用大量的数学计算和数学计算方法,所以就有了物理学的又一分支——计算物理。

计算物理是研究如何使用数值方法分析可以量化的物理学问题的学科。历史上,计算物理是计算机的第一项应用,因此,计算物理也被视为计算科学的分支,应用于物理学不同领域,是现代物理学研究的重要组成部分,如加速器物理学、天体物理学、流体力学(含计算流体力学)、晶体场理论/格点规范理论(尤其是格点量子色动力学)、等离子体、分子动力学模拟物理系统、蛋白质结构预测、固体物理学、软物质等诸多物理学领域。计算物理的研究范围十分广泛,需要相应的软件与硬件来支撑,有时会需要超级计算机和高性能运算的相关技术支持。比如热核聚变的研究中就使用了超级计算机来模拟等离子体行为。计算物理也时常受到计算化学的影响,比如固体物理学家利用密度泛函理论研究固体的物理特性的方式,与化学家研究分子行为的方式基本一致。

实验物理和应用物理这两个领域中,实验物理主要

是粒子物理(高能物理),研究过程中应用实验技术比较多,而应用物理则是其成果偏重于实际应用。实验物理是以验证基础理论是否正确为目的,希望通过发现高能实验的某些新现象促进基础理论的发展。

原子与分子物理在原子分子结构、光谱和碰撞理论、原子分子激发态动力学、原子分子激光光谱等方面形成了稳定的研究方向,对简单原子分子体系和大分子、团簇等复杂体系以及纳米体系展开了系统的研究,并开拓了强场原子分子物理、团簇物理等前沿研究方向。单个原子对人类的意义虽然没有多个原子形成的凝聚态物质重要,但毕竟一切物质都是由原子构成的,因此,原子与分子物理与物理学乃至整个自然科学各个分支学科都有非常紧密的联系,它与这些学科交叉的领域恰恰是其最重要的应用领域。化学上,反映化合物本质的量子化学实质上就是分子物理学;研究 DNA 大分子的分子生物学,实质上也是分子物理学的一个研究领域。由此可见,这个学科的发展对自然科学其他学科具有重大意义。

等离子体是气体在极高温状态下形成的一种电离态,跟原子与分子物理的联系最为密切。虽然浩瀚宇宙中到处都有等离子体构成的恒星,但在地球上很少出现。理论与实验表明,等离子体加热到足够高的温度能够产生核聚变。而核聚变产生的能量相对于目前核电厂使用的核裂变产生的能量有两个优点:一是很清洁,没有核辐射;二是等质量原料产生的能量更多。但是,将等离子体加热到太阳的温度或原子弹爆炸产生的高温,在实验设备和实现条件上都是一种挑战。磁约束是研究等离子体的主要方法。激光技术的发展为实现受控热核聚变提供了条件,现代激光技术能产生聚焦良好的能量巨大的脉冲光束,对等离子体的研究有十分重要的意义。一旦受控核聚变被成功应用,人类将一劳永逸地解决能源问题。

凝聚态物理是现代物理学最大的分支领域,理论基础是量子力学。在地球上与人类生活密切相关的物质除了阳光和空气,其余都是以凝聚态的形式存在的,这足以看出研究凝聚态物理对人类的重要性。早期凝聚态物理的重大成就是半导体的发现及应用,看看我们须臾离不开的手机、电脑就知道它产生的社会价值了。凝聚态物理和高新技术的发展也密切相关。凝聚态物理的研究热点有准晶态、高温超导体、纳米科学、巨磁阻效应等。信息、材料和能源技术在21世纪所面临的挑战将给凝聚态物理的进一步发展提供机遇。由于这些研究热点对国民经济发展具有重要意义,故将它们作为二级学科重点研究,形成了自主设置的软凝聚态、纳米科学和新能源材料等学科。

声学是物理学中最早深入研究的分支学科之一。从宏观世界到微观世界,从简单的机械运动到复杂的生命运动,从工程技术到医学、生物学,从衣食住行到语言、音

乐、艺术，都是现代声学研究和应用的领域。因此，声学的应用性非常强，在医疗方面的应用包括超声辅助诊断和超声治疗，助听、助语设备等。声学在噪声控制、建筑声学中也有广泛的应用前景。声学日益密切地同多领域的学科与技术紧密联系，形成众多的相对独立的分支学科，例如非线性声学、量子声学、分子声学、超声学、光声学、电声学、建筑声学、环境声学、语言声学、生物声学等。声学的边缘科学性质十分明显，边缘科学是科学的生长点，因此有人主张声学是物理学最好的发展方向之一。

光学是物理学的重要分支学科，也是与光学工程相关的学科。光也许是世界上最神奇的东西，人们看见事物都是因为有光。通常人们说物质是由原子、分子组成的，物质间能量传递的载体就是光子。光子可以转化为正反粒子对，也许对光的本质的研究会直接触及物质世界最深层次的奥秘。光学通常分为几何光学、波动光学和量子光学。几何光学和波动光学（也称物理光学）属于经典光学，而量子光学属于现代光学。几何光学在研究物体被透镜或其他光学元件成像的过程以及设计光学仪器的光学系统等方面显得十分方便和实用。波动光学研究光在介质中的传播规律，如光的干涉、光的衍射、光的偏振等物理现象，进而研究这些规律和现象的应用。量子光学是应用量子理论研究光辐射的产生、相干统计性质、传输、检测以及光与物质相互作用中的基础物理问题。目前世界瞩目的研究领域如量子计算、量子通信及人工智能，都与量子光学有关。光学的应用性很强，是物理学中最接近应用领域的一个分支。光纤通信是现代光学的一项重要成就。发现激光的重要性丝毫不亚于半导体，它使得光学发展为仅次于凝聚态物理的物理学第二大分支，并且比凝聚态物理更接近实际应用。

无线电物理更是与实际应用联系紧密的学科，它采用近代物理学和电子信息科学的基本理论、方法及实验手段，研究磁场和电磁波及其与物质相互作用的基本规律，通过对电磁波传播、短波通信、阵列天线等理论与技术的研究，发现其在通信、导航、雷达、遥感、探测等领域中的应用，由此开发新型的电子器件和系统。

▶▶与物理学密切相关的学科

➡➡力学

自然界中的物质有多种层次，从宇观的宇宙体系、宏观的天体和常规物体，到细观的颗粒、纤维、晶体，再到微观的分子、原子、基本粒子，都是物理学研究的对象，也是力学研究的对象。通常所说的力学以研究天然的或人工的宏观对象为主。力学是研究物质机械运动规律的科学，包含静力学、运动学和动力学三部分，静力学研究力的平衡或物质的静止问题；运动学只考虑物质怎样运动，不讨论它与所受力的关系；动力学讨论物质运动和所受

力的关系。力学研究的运动是物质在时间、空间中的位置变化,包括移动、转动、流动、变形、振动、波动、扩散等,而平衡或静止则是其中的特殊情况。物质运动的其他形式还有热运动、电磁运动、原子及其内部的运动和化学运动等。

以工程应用为背景的力学,是工学类的一级学科。以经典力学为基本依据,人们设计了诸如大型的风洞、水洞等力学实验设备,应用在机械、建筑、航天器和舰船等领域。以人类登月、建立空间站、航天飞机等为代表的航天技术也离不开力学。深潜达几百米的潜艇、安全运行的原子能反应堆、安全运行的高速列车,甚至如两弹引爆的核心技术,都应用到典型力学问题。

按所研究对象,力学分为固体力学、流体力学和一般力学三个分支。根据研究对象具体的形态、研究方法、研究目的的不同,固体力学可以分为理论力学、材料力学、结构力学、弹性力学、板壳力学、塑性力学、断裂力学、机械振动、声学、计算力学、有限元分析等。流体力学包含流体静力学、流体动力学等。根据针对研究对象所建立的模型不同,力学也可以分为质点力学、刚体力学和连续介质力学。连续介质通常分为固体和流体,固体包括弹性体和塑性体。固体力学和流体力学从力学分出后,余下的部分组成一般力学。一般力学通常是指以质点、质点系、刚体、刚体系为研究对象的力学,有时还把抽象的动力学系统也作为研究对象。一般力学除了研究离散系统的基本力学规律外，还研究某些与现代工程技术有关的新兴学科的理论。

力学按研究时所采用的研究方法不同分为三个方向：理论分析、实验研究和数值计算。实验力学包括实验应力分析、水动力学实验和空气动力实验等。着重应用数值计算手段的计算力学，是广泛使用电子计算机后才出现的，其中有计算结构力学、计算流体力学等。对一个具体的力学课题或研究项目，往往需要理论、实验和计算三方面的相互配合。力学在工程技术方面的应用形成了工程力学或应用力学的各个分支，诸如土力学、岩石力学、爆炸力学、复合材料力学、工业空气动力学、环境空气动力学等。

力学和其他基础学科的结合也产生一些交叉性的分支，最早的是和天文学结合产生的天体力学。20 世纪以来，力学与其他学科的交叉和融合日渐突出，力学与物理学的交叉形成了物理力学，与生命科学的交叉形成了生物力学，与环境科学和地学的交叉形成了环境力学，爆炸力学、等离子体力学等都是力学新的学科生长点，不断地丰富着力学的研究内容和方法，并使力学学科始终保持着旺盛的生命力。

➡➡光学工程

光学发展为仅次于凝聚态物理的物理学第二大分

支,这个分支的基础部分自然还是归为物理学,但其应用研究部分已经继电子学之后成为从物理学独立出来的学科,其中光学工程是最为明显的例证。光学工程属于工科,一级学科。

光学工程是指把光学理论应用到实际的一类工程学,是工学类一级学科。光学工程包括设计光学仪器,例如镜头、显微镜和望远镜,也包括其他利用光学性质的设备。光学工程还研究光传感器及相关测量系统,如激光器件、光纤通信、光学仪器、光传感器、光检测技术等。早期,主要基于几何光学和波动光学理论拓宽人的视觉能力,建立了以望远镜、显微镜、照相机、光谱仪和干涉仪等为典型产品的光学仪器工业,这些工业至今仍然发挥着重要作用。照相机中的照相物镜、变焦物镜,虽然只是照相机的一个部件,但它们都是高科技产物。大口径的物镜是天文望远镜的重要部件。20 世纪 60 年代,随着第一台激光器的问世,人们认识到光子不仅是信息的载体,而且是能量的载体。光学工程已发展为以光学为主,与信息科学、能源科学、材料科学、生命科学、空间科学、精密机械与制造、计算机科学及微电子技术等学科紧密交叉和相互渗透的学科。它包含了许多重要的新兴学科分支,如激光技术、光通信、光存储与记录、光学信息处理、光电显示、全息和三维成像薄膜和集成光学、光电子和光子技术、激光材料处理和加工、弱光与红外热成像技术、光电测量、光纤光学、现代光学和光电子仪器及器件、光学遥感技术以及综合光学工程技术等。这些分支使光学工程产生了质的飞跃，而且推动建立了一个前所未有的现代光学产业和光电子产业。医学中应用的口腔观察仪、皮肤检测仪、视力验光仪、头发测试仪等，都是光学的具体应用。液晶显示器、LED 显示设备、LCD 监视器等应用于光电节能显示，夜视仪、红外热成像仪、红外检测仪等成功应用于工业检测和军事装备。激光打标、激光切割、激光雕刻等作为新技术，在工业生产中有独特的优势。数字化影像测量仪、激光测厚仪、工具显微镜、三坐标测量仪、全自动光学测量仪、光学检测仪、X 射线检测、CCD 显微镜、偏光显微镜等一批光学计量和光学检测仪器助力工业生产和科学研究。这些产业一般具有数字化、集成化和微结构化等技术特征，因此，对传统的光学系统进行智能化和自动化改造，对集传感、处理和执行功能于一体的微光学系统的研究和开拓光子在信息科学中的作用的研究，将成为今后光学工程学科的重要发展方向。

➡➡天文学

天文学是研究宇宙空间天体、宇宙的结构和发展的学科，包括天体的构造、性质和运行规律等，它同数学、物理学、化学、生物学、地球科学同为自然科学六大基础学科。欧美国家习惯把天文学（宇宙学）纳入物理学的范

畴。牛顿力学的出现、核能的发现与天文研究有密切的联系,而对高能天体物理、致密星和宇宙演化的研究,能极大地推动物理学的发展。随着人类社会的发展,天文学的研究对象从太阳系发展到整个宇宙。天文学按研究方法的不同可分为天体力学、天体测量学和天体物理学。

天体力学是天文学的一个分支,涉及天体的运动和万有引力的作用,它属于应用物理学。特别是牛顿力学,研究天体的力学运动和形状,研究对象是太阳系内天体与成员不多的恒星系统。天体物理学也是物理学的分支,它是利用物理学的技术、方法和理论来研究天体的形态、结构、物理条件、化学组成和演化规律。天体测量学依赖物理实验技术与设备,使用太空望远镜,人类看到了宇宙深处优良的影像。借着观测化学频谱,可以分析恒星、星系和星云的化学成分。

除了宇宙射线的粒子探测、陨石的实验室分析、宇宙飞行器对太阳系天体的实地采样和分析,以及尚在努力探索中的引力波观测之外,关于天体的信息都来自电磁辐射。天体物理仪器的作用是对电磁辐射进行收集定位、变换和分析处理。电磁辐射的收集和定位是由望远镜(包括射电望远镜)来实现的。从辐射的连续谱可以判断辐射的机制,还可以得知天体的表面温度;从线谱可以获得更多的信息:视向速度、电子温度、电子密度、化学组成、激发温度端流速度。对双星的观测研究,可以得到天体的半径、质量和光度等重要数据。研究脉动变星的光变周期与光度之间的关系，可以确定天体的距离。随着观测技术的提高，天文观测已从传统的光学观测扩展到了从射电、红外线、紫外线到X射线和γ射线的全部电磁波段。这导致一大批新天体和新天象的发现：类星体、活动星系、脉冲星、微波背景辐射、星际分子、X射线双星、γ射线源等。

2019年4月10日北京时间21时07分，全球多地天文学家同步公布了黑洞“真容”。该黑洞位于室女座一个巨椭圆星系Messier87（简称“M87”）的中心，距离地球5 500万光年，质量约为太阳的65亿倍。它的核心区域存在一个阴影，周围环绕一个新月状光环。黑洞的观测，证明爱因斯坦广义相对论在极端条件下仍然成立。

天文学在了解宇宙及其相关特性上已经有了很大的进展，但仍有很多问题找不到答案。例如：是否存在外星生命？是什么导致了宇宙的形成？暗物质及暗能量的本质是什么？这些关于宇宙的根本问题仍等待人类去解答。

为什么要学物理学？

没有伟大的愿望，就没有伟大的天才。

——巴尔扎克

物理学广探宇宙秘密，细索微粒奥妙，纵贯千年史，横牵诸学科。物理学的建树之高、植根之深、应用之广、覆盖之远，已为世人共识。它既是人类知识的结晶，又是新技术的重要母体，学习物理学意义重大。

▶▶生活充满物理学，物理学改变生活

➡➡我们的生活充满物理学

即使你不是物理学家，也没有上过物理课，物理也是你生活的一部分。你的智能手机使用的是基于量子力学的半导体芯片。如果你做过 X 光透视或核磁共振扫描，你已经从物理实验室开发的医疗技术中受益。如果你关心清洁能源和环境维护或者担心核战争的爆发，物理学也会关注这些问题。如果你曾经仰望夜空中的星星，想

知道它们和所有的创造物是如何产生的，物理学会告诉你答案。从消费设备到对未知领域的研究，物理已融入日常的活动、人类的文明和我们的愿望。

➡➡物理学改变生活，改变社会

当今物理学和科学技术两种模式并存，相互交叉，相互促进。正如美籍华裔物理学家李政道所说："没有昨日的基础科学，就没有今日的技术革命。"例如：核能的利用、激光器的产生、层析成像技术（CT）、超导电子技术、粒子散射实验、X 射线的发现、受激辐射理论、低温超导微观理论、电子计算机的诞生。几乎所有的重大新（高）技术领域的创立，事先都在物理学中经过长期的酝酿。

第一次工业革命是指 18 世纪 60 年代从英国发起的技术革命，是技术发展史上的一次巨大革命。1785 年，瓦特制成的改良型蒸汽机的投入使用，提供了更加便利的动力，大大推动了机器的普及和发展。所以，第一次工业革命是以蒸汽机作为动力机被广泛使用为标志的。那么以热机为代表的与工业革命相关联的学问，就是热力学，而热力学的出发点，竟然就是法国人萨迪·卡诺总结出的这样一个简单的道理，即任何不以做功为目的的传热都是浪费。

19 世纪 60 年代后期，电力的发明和广泛应用促进了工业大发展，史称"第二次工业革命"。与此相关的学科就是电磁学。电磁学的发展带动了电信事业的发展。

19 世纪 70 年代,美国人贝尔发明了电话,19 世纪 90 年代意大利人马可尼试验无线电报取得了成功,都为迅速传递信息提供了便利。1866 年,德国人西门子制成了发电机,到 19 世纪 70 年代,实际可用的发电机问世。电开始驱动机器,成为补充和取代以蒸汽机为动力的新能源。随后,电灯、电车、电影放映机相继问世,人类进入了“电气时代”。与此同时,热力学进一步发展,最重大的成就就是内燃机的发明和使用。19 世纪七八十年代,以煤气和汽油为燃料的内燃机相继诞生,19 世纪 90 年代柴油机创制成功。内燃机的发明解决了交通工具的发动机问题。19 世纪 80 年代德国人本茨等人成功地制造出由内燃机驱动的汽车,内燃机车、远洋轮船、飞机等也得到了迅速发展。

20 世纪四五十年代开始的新科技革命,以原子能技术、航天技术、电子计算机技术的应用为代表,还包括人工合成材料、分子生物学和遗传工程等高新技术。这次科技革命被称为“第三次科技革命”。特别是电子计算机技术的利用和发展,促进了生产自动化、管理现代化、科技手段现代化和国防技术现代化,也推动了情报信息的自动化。以全球互联网为标志的信息高速公路使人类的交往越来越方便和快捷。

量子力学使物理学跨入崭新的时代,更直接影响了 20 世纪的工业发展,举凡核能发电、核武器、激光、半导体元件等都是量子力学的产物。有了量子力学，才会有半导体，有了半导体，才会有今天人人都在使用的手机、互联网。正是物理学的发展，极大地提高了生产力，改变了我们的生活。这一切正如邓小平同志所讲的“科学技术是第一生产力”。

▶▶物理学给予我们发现问题和解决问题的思想方法，物理学是其他学科的基础

首先，物理改变了我们世界观，让我们能够更全面、更深刻地看待、理解我们的世界。现代物理学就像一座宏伟的大厦，这座大厦有两根支柱，一个是相对论，另一个是量子力学。相对论，彻底改变了我们对宇宙的看法，改变了我们的时间与空间的观念。观念的改变，意味着对事物更深刻的理解。通过相对论中的质能方程 $E=mc^2$，我们认识到，我们的世界应该是能量的世界，物质与能量可以相互转换，这导致了原子能的应用。19 世纪末 20 世纪初，正当物理学家在庆贺经典物理学大厦落成之际，科学实验却发现了许多经典物理学无法解释的事实。首先是三大发现：电子、X 射线和放射性现象，其次是所谓“以太”物质的实验否定和黑体辐射的“紫外灾难”。这些实验结果与经典物理学理论存在尖锐的矛盾，经典物理学的传统观念受到冲击，由此引发了物理学的一场革命。科学家发现，能量的传递原来是不连续的，是量子化

的，从而导致量子力学的创立。

其次，物理学之所以被人们公认为是一门重要的科学，不仅仅是因为它对客观世界的规律做出了深刻的揭示，还因为它在发展、成长的过程中，形成了一整套独特而卓有成效的思想方法体系。著名物理学家费曼说："科学是一种方法。"物理学中的研究思想与方法对其他自然科学也同样适用，乃至对社会科学的发展都有重要的贡献。据相关统计，20 世纪中叶以来，在诺贝尔化学奖、生理学或医学奖，甚至经济学奖的获奖者中，有一半以上的人具有物理学的背景。这意味着他们从物理学中汲取了智能，转而在非物理学领域里获得了成功。

最后，物理学对自然学科的发展有推动作用。自然科学与社会科学、思维科学并称"科学三大领域"，它是以定量手段研究无机自然界和包括人的生物属性在内的有机自然界的各门科学的总称。物理学是一门得到社会广泛支持的基础科学，也是其他科学和技术的基础。数学和物理学从诞生之日起，两者就融合在一起，相互依存、互相促进，即所谓的数学物理不分家。数学是物理学家的语言，物理学家通过数学符号、数学表达式以最简洁的方式书写物理学思想。化学的建立与发展伴随着物理学的发展，直到科学家开始用原子分子论来研究化学，化学才真正被确立为一门学科。物理实验技术为生物学开启了观察事物之窗，物理学、化学的发展成熟，为生物学实验奠定了坚实的基础，由此生理学、细菌学和生物化学相继成为明确的实验性的学科。物理学为地理学提供了综合研究方法，也是天文学、地球物理学等物理学分支学科的基础。

▶▶从嫦娥奔月到“天问一号”，看航空航天中的物理学

远远的街灯明了，好像闪着无数的明星。

天上的明星现了，好像点着无数的街灯。

我想那缥缈的空中，定然有美丽的街市。

…………

读着这美丽的诗句，让我们不由畅想太空中的星球。中国人民自古以来就有飞天的梦想，“嫦娥奔月”和“玉兔的传说”家喻户晓。也有“把酒问月”，想象“天上宫阙”的美丽，更有“不知乘月几人归”的担忧。直到“嫦娥号”探测器奔赴月球，“玉兔号”月球车登陆月球，圆了中国人千年的登月梦想，也解了古人的担忧。

2004 年，中国正式开展月球探测工程，并命名为“嫦娥工程”。嫦娥工程分为“无人月球探测”“载人登月”“建立月球基地”三个阶段。2007 年 10 月 24 日，“嫦娥一号”成功发射升空。之后，“嫦娥二号”、“嫦娥三号”（携带“玉兔号”月球车）、“嫦娥四号”（“嫦娥三号”的备份星）和“嫦娥五号”分别发射到月球。2020 年 11 月 24 日发射的“嫦

娥五号”探测器,12 月 1 日成功在月球正面预选区着陆并采集月球土壤;12 月 17 日,“嫦娥五号”返回器携带月球土壤返回地球。

2020 年 7 月 23 日,火星探测器“天问一号”发射升空,于 2021 年 5 月 15 日实施着陆巡视器与环绕器分离,着陆巡视器着陆火星表面。着陆巡视器携带的火星车——“祝融号”驶离着陆平台,对火星的表面形貌、土壤特性、物质成分、水冰、大气、电离层、磁场等进行探测。

➡➡运载火箭中的物理学

“嫦娥奔月”和“天问一号”跟物理学有关系吗?我们看看它们用什么发射,发射的原理,以及它们携带的仪器就知道了。

“嫦娥号”月球探测器和“天问一号”火星探测器,都是采用我国自主研制的长征系列运载火箭发射的。其工作的基本原理是牛顿第三运动定律:相互作用的两个物体之间的作用力和反作用力总是大小相等,方向相反,作用在同一条直线上。火箭燃料燃烧所生成的炽热气体,通过火箭尾部的尾喷管向后快速喷出,这样向后喷出的燃气就会对火箭产生反作用力,它推动着火箭向前飞,这就是火箭推力的来源。当这个推力大于火箭自身重力时,火箭就起飞了。火箭在飞行过程中随着火箭推进剂(燃料)的消耗,其质量不断减小,是变质量飞行体。

火箭仅仅能飞起来还是远远不够的，要想抵达目的地，需要克服或摆脱地球引力，使运送的物体达到宇宙速度。宇宙速度分为三级：第一宇宙速度、第二宇宙速度和第三宇宙速度。第一宇宙速度是火箭发射的速度能够使得运送的物体（如人造卫星）围绕地球做圆周运动时的速度。利用万有引力定律和牛顿第二定律计算可得，第一宇宙速度为7.9千米每秒。第二宇宙速度是飞行器脱离地球引力场所需的最小速度。利用万有引力定律和机械能守恒定律，可以计算出飞行器脱离地球引力场的速度为11.2千米每秒。第三宇宙速度是飞行器脱离太阳引力场所需的最小速度。根据万有引力定律、机械能守恒定律和相对运动的概念，计算得出第三宇宙速度为16.7千米每秒。

很显然，“嫦娥号”月球探测器和“天问一号”火星探测器的发射速度都要超过第二宇宙速度，但不能超过第三宇宙速度，这样才能到达月球或火星。例如，只有速度合适的“嫦娥号”月球探测器，才能在经过月球附近时被其俘获，成为月球的“卫星”，并对月球进行探测。可以看出，火箭的发射以及“嫦娥号”和“天问一号”探测器的运送过程，运用的都是物理学知识。

➡➡“嫦娥号”月球探测器的物理学

让我们来看看“嫦娥号”月球探测器携带的仪器设备。“嫦娥一号”卫星携带立体相机、干涉成像光谱仪、激

光高度计、微波辐射计、太阳宇宙射线检测器和低能离子探测器等多种科学仪器。

❖❖立体相机

“嫦娥一号”利用激光高度计配合立体相机，对月球做全面探测，从而获取覆盖全月面的地形图。这有助于研究月球地质构造的演化，为后续登月地点的选择提供有用的参考数据。

我们物理课中学习过透镜成像和小孔成像，成的像是平面的，所得数据是二维的。立体相机成的像是立体的，也就是说可以得到月球表面的三维数据。立体成像技术一般采用两个相机拍摄，称为双目相机。由于两个相机对同一地点成像时有视差，就像我们用双眼看物体一样，利用视差可以重建物体的三维形貌。

“嫦娥一号”所用的电荷耦合器件（Charge Coupled Device，CCD）立体相机采用了新技术，采用一个大视场光学系统加一片大面阵 CCD 芯片，分别获取前视、正视、后视图像，运用图像处理技术形成立体图像。CCD 立体相机也可称为 CCD 图像传感器。一部分数码相机的成像底片和手机相机的底片用的就是 CCD，其作用就是把影像信号转换成数字信号。CCD 上植入的微小光敏物质称作像素（pixel）。一块 CCD 的像素数越多，其提供的画面分辨率也就越高。

✣✣干涉成像光谱仪

干涉成像光谱仪用以获取月球表面多光谱图像。由于物质的光谱与它的属性相关，太阳光照射到月球表面后发生漫反射，不同的物质将呈现不同的反射光谱。成像光谱仪就利用了这个原理，通过反射光谱识别目标矿物，分析其类型和含量信息。干涉成像光谱仪将目标的光分成两束，通过控制两束光的光程差，并使两束光在感光元件处相遇发生干涉，从而获得一系列不同光程差得到的干涉图样。干涉图样经过一系列的处理、反演后才能够得到物体的图像——光谱三维信息。通过干涉成像光谱仪等探测设备对月球表面被观测元素和矿物、岩石数据的处理，可了解它们在月球表面的相应位置、类型、含量和分布，并利用探测的结果绘制各元素的全月球分布图，发现月球表面资源富积区，为月球的开发利用提供有关资源分布的数据。

干涉成像光谱仪分析的是光谱。什么是光谱呢？我们知道，太阳光是复色光，包含了红、橙、黄、绿、蓝、靛、紫七种颜色的光。不同颜色的光有不同的波长(频率)。太阳光经过棱镜或光栅以后，不同波长的光在空间会分开，形成按波长(或频率)大小而依次排列的图案，称为光学频谱，简称光谱。按产生方式的不同，光谱可分为发射光谱、吸收光谱和散射光谱。物体发光直接产生的光谱叫

作发射光谱。其物理机理是处于高能级的原子或分子在向较低能级跃迁时产生辐射，将多余的能量发射出去，形成发射光谱。

白光通过气体时，气体将从通过它的白光中吸收与其特征谱线波长相同的光，使白光形成的连续谱中出现暗线。此时，这种在连续光谱中某些波长的光被物质吸收后产生的光谱被称作吸收光谱。研究吸收光谱可了解原子、分子和其他许多物质的结构和运动状态，以及它们同电磁场或粒子相互作用的情况，广泛应用于材料的成分分析和结构分析。

散射是指光与物质发生相互作用后，部分光子偏离原来的入射方向而分散传播的现象。物质中与入射的电磁波相互作用而致其散射的基元称为散射基元。散射基元是实物粒子，可能是分子、原子中的电子等。散射波取决于物质结构及入射波的波长等因素。这种现象于1928年由印度科学家拉曼发现，因此这种产生新波长的光的散射被称为拉曼散射，所产生的光谱被称为拉曼光谱或拉曼散射光谱。

光波是原子中的电子产生的电磁辐射。各种物质的原子内部电子的运动情况不同，所以它们发射的光波也不同。研究不同物质的发光和吸收光的情况，已成为一门专门的学科——光谱学。

✣✣激光高度计

我们测量身高，用一把卷尺就可以完成。月球表面地形的高度，该如何测量呢？科学家用的是红外激光。根据光束从卫星射到月球表面的时间和角度，就能计算出某一点的相对高度。再一个点一个点地连起来，月球地形图便跃然纸上。“嫦娥一号”卫星在距月球表面 200 千米的轨道上，测量地形精度达到 5 米。

微波探测仪利用微波信号对月球表面物质的穿透传播特性，从表征月球物质微波辐射的亮温数据中，获取月球土壤的厚度信息；太阳宇宙射线检测器用以分析地月空间和绕月空间环境的质子、电子和重离子。低能离子探测器的传感器由准直器、静电分析器和微通道板组成，用以分析地月和月球空间环境的太阳风中的低能离子。

➡➡“天问一号”5 亿千米的物理学历程

火星紧邻地球，也绕太阳公转。地球的公转周期是 365 个地球日，火星的公转周期为 687 个地球日。火星大约每隔 780 个地球日接近地球一次，最近的距离约为 0.56亿千米。因此，发射火星探测器的发射窗口相隔约为 26 个月，即两年多的时间。2020 年 7 月至 8 月，迎来了两年一次的“火星发射窗口期”。因此，我国的“天问一号”于 2020 年 7 月 23 日在文昌航天发射场由“长征五号”遥四运载火箭发射升空，开启了火星探测之旅，迈出了中国自主开展行星探测的第一步。

“天问一号”的行进路线是如何安排的呢？从地球飞往火星分为三个阶段：绕地球飞行、绕太阳飞行、绕火星飞行。火星探测器利用运载火箭发射升空后，绕地球飞行需要第一宇宙速度。要想从地球轨道进入火星轨道，即变成绕太阳飞行，需加速到第二宇宙速度。火星引力范围为0～58万千米，探测器靠近火星并要求被火星的引力俘获，则需要降低速度，转移到火星轨道。在发射和轨道转移中，火箭燃料是必不可少的。目前，我国运载能力最强的火箭是“长征五号”。为了节省燃料，选择霍曼转移，即转移轨道设计成与初始轨道和最终轨道都相切的椭圆轨道。2021年5月15日，“天问一号”探测器成功登陆火星。

▶▶从火炮到电磁炮，看物理学与国防

物理学与军事科学技术唇齿相依、息息相关。从热兵器时代的枪支、火炮，到高技术战争中的光、电、声、磁，无一不展现着物理学对军事的巨大推动力。将物理学的原理与技术，应用于研究武器和军事技术装备，进行军事实践，已经形成一门专业学科——军用物理学。

➡➡枪支和火炮的物理学原理

枪支和火炮的物理学原理与火箭的发射原理基本相同，都是利用火药爆炸产生的膨胀气体推动弹丸运动，使其产生加速度射出炮管。弹头出膛的速度，可根据动量

守恒定律求得。与火箭发射不同的是，弹头的质量不变，不是变质量问题。

步枪的枪膛和火炮的炮膛内，都刻制了螺旋膛线，螺旋膛线使得弹头射出后做旋转运动。根据角动量定理和角动量守恒定律，旋转的物体能够保持其运动方向不变。因此，炮弹射出后具有稳定的弹道，提高了命中精度，增大了射程。

弹头出膛以后在空间的运动轨迹，要考虑空气阻力和重力的作用，需要根据牛顿第二定律和功能原理来分析。目前，火炮，包括其改进版火箭炮、速射炮等，仍然是陆军和海军的常见装备。先进的电磁炮和激光炮不能叫作火炮，因为它们的做功方式不一样。

➡➡火箭有个孪生兄弟叫作导弹

火箭是一种高速向后喷出热气流，利用产生的反作用力向前运动的喷气推进装置，可以用来发射卫星、飞船、航天飞机、空间站等。火箭是人类探索太空的必备工具。将火箭发送的物品换成炸药，火箭就变成了导弹。

V-2 型导弹在第二次世界大战期间由德国研制，是世界上第一款用于实战的弹道导弹。之后的各种类型导弹都是在 V-2 型导弹的基础上研发的。“飞毛腿”导弹是苏联在 20 世纪 50 年代研制的一款近程地对地战术弹道导弹。目前，世界上多个国家装备飞毛腿导弹。“爱国

者”地对空导弹是美国研制的一款防空导弹。在海湾战争中，成功拦截了伊拉克军队发射的多枚“飞毛腿”导弹。这是在实战中首次成功拦截弹道导弹。美国研制的“战斧”巡航导弹是中远程多用途巡航导弹，时速达 800 千米每小时，射程达 2 500 千米，是世界上著名的巡航导弹之一。

导弹的使用，使战争的突发性和破坏性增加，改变了常规战争的时空观念，带来巨大而深远的影响，形成了现代化战争的思想。导弹技术是现代科学技术的高度集成，它的发展既依赖于科学技术的进步，同时又推动科学技术的发展。导弹技术水平成为衡量一个国家军事实力的重要标志之一。

➡➡航天是国家安全的重要支撑

航天航空武器是国家的安全保障。航天航空武器包括巡航导弹、弹道导弹等。我国的航天工业从 20 世纪 50 年代开始起步。伴随着航天技术发展，1960 年，我国第一枚对地近程导弹“东风一号”发射成功，实现了我国军事装备史上导弹零的突破。1982 年“巨浪一号”成功发射，开创了中国战略导弹的先河。在 2019 年的国庆阅兵式上展示的“东风-5B”核导弹、“东风-17”常规导弹、“巨浪二号”导弹、“东风-31”甲改核导弹、“东风-41”核导弹等不同型号和功能的导弹，成为国家安全的重要保障。

卫星导航技术给航天航空武器装上了“眼睛”。卫星导航技术不仅方便我们的日常生活，在军事上还能够完成光学成像侦察、雷达成像侦察、电子侦察等侦察监视任务。如果想精确无误地攻击目标，不仅要充分掌握目标所在的位置，还要把握好自身所在的位置、航向及其他关联数据，精确地控制好弹体的航向，从而引导弹体准确地击中目标。

卫星导航技术还能对物流实体进行精确定位，实现高效的监督与控制。物流实体主要包括车载、存储及运送的各类物资，补给的仓库、站点、码头等，为复杂环境条件下的作战指挥提供服务。

➡➡没有弹药推动的电磁炮

在电磁学里，电荷在磁场中受到的力叫洛伦兹力，运动学方程为 $f=qvB$。表明磁场中的电荷会受到洛伦兹力的作用，即位于磁场中的导线在通电时会受到一个力的推动。电磁炮利用金属炮弹在电磁场中受到的力加速，使其高速发射打击目标。电磁炮是一种具有巨大潜力的先进武器，能够大大提高炮弹的速度和射程，同时成本也将大大下降，被誉为未来人类大炮发展的最新方向。

2015 年，一段 BAE 系统公司为美国海军所研制的电磁炮测试视频在网络上曝光。相比于传统的火炮，电磁炮在速度、精度以及打击效果上都有着显著优势。从测试画面来看，BAE 系统公司所研制的电磁炮射出的炮弹就如同一根大钉子，可以轻易击穿水泥板、汽车，甚至可

以一次穿透8块钢板，威力惊人。

中国最早的实验性电磁炮是303EMG型，在1988年进行了第一次试射，当时发射的炮弹只有30克。现在中国的电磁炮试验，已经可以把25千克的炮弹发射到250千米外的预定区域。

电磁炮优点众多，首先是射速快，不会像巡航导弹般出现目标移走或落空等问题，配合全球定位系统（GPS）可进一步提高精确度。此外，由于电磁炮不需要火药，既可提升船员安全性，亦可令军舰携带的炮弹数量增加10倍。电磁炮作为发展中的高技术兵器，其军事用途十分广泛。例如：用于天基反导系统，可摧毁空间的低轨道卫星和导弹；用于防空系统，可代替高射武器和防空导弹，执行防空任务；用于反装甲武器，可对付坦克装甲。

➡➡原子能的利用——原子弹

1938年，一项对小尺度自然规律的探索改变了物理学，也改变了第二次世界大战的进程和战后的世界。在德国化学家奥托·哈恩和弗里茨·斯特拉斯曼用中子轰击铀之后，奥地利-瑞典物理学家莉泽·迈特纳和德国物理学家奥托·弗里施证实，用中子轰击铀能够使原子核分裂或裂变成更小的碎片，释放出巨大的能量。这一发现很快在美国制定的曼哈顿计划中得到实施，1945年美国向日本投放了两颗原子弹，结束了第二次世界大战。

如何学好物理学?

物理学家总认为你需要着手的只是:给定如此这般的条件下,会冒出什么结果?

——费曼

我们已经了解了物理学的博大精深,知道了物理学在我们生活中的无处不在,在国防、航空航天等领域中的重要作用。一时间胸中充满豪情——我们也要学物理!我们也要走进充满神奇色彩和令人眼花缭乱的物理世界!然而,冷静下来,却发现周围的人仿佛都在谈物理而色变,认为物理学是各门课程中最难学也最难提高成绩的,这从近年来高中分科选科中可以明显地显示出来——物理总是成为选科人数最少的一门学科。在选择高考科目的时候,大量考生纷纷放弃物理,"弃考物理"一度成为热门话题而引发全国关注。

物理学作为自然科学的基础学科,研究大至宇宙,小至基本粒子等一切物质最基本的运动形式和规律。要发

展我国科技和铸造大国重器,没有物理学知识作为基础,如何发展?于是,许多地方开始改变高考策略,将"3+3"选科考试变为"3+1+2",将物理改为理科生必选科目。但是,如此重要的学科为何如此令人畏惧呢?

▶▶物理学不可怕——战胜自我,挑战自我

说到物理的"可怕",其实渊源已久。相对于其他学科,高中生对物理的学习容易出现畏难情绪,物理成为大多数学生首先放弃的学科。也就是说,从接触高中物理课程开始,学生在心理上已经打上了物理不好学的烙印。一旦遇到困难,则全线崩溃。学生开始自我安慰——物理的确难学,我还是选择能取得更好成绩的其他学科吧。

➡➡物理学难在哪里?

大家普遍认为物理是难学的,那么物理究竟难在哪里呢?

✣✣从定性到定量

物理一直都是很美并且很有趣的。高中物理和初中物理相比有一个非常大的转变:很多物理问题在初中只需做定性的分析,到了高中就要做定量的计算。如果不能及时认识到这点,还一直用初中物理的思维学习高中物理,就会出现各种不适应。

从定性分析到定量计算是一步非常大的跨越。在初

中，我们只需要定性地分析那些热学、光学、力学、电磁学的现象。水为什么会变成冰和水蒸气？为什么会听到回声？为什么苹果往下落，水往低处流？为什么磁铁会同性相斥、异性相吸？为什么筷子在水里时看起来就像折断了？这种定性分析跟日常生活联系得非常紧密。我们每学一点物理知识，就仿佛揭开了自然界某处的面纱，好奇心和求知欲在这个过程中得到了极大的满足。

进入高中，我们就要对力学、电磁学等领域进行精确的定量计算。在初中我们只需要知道为什么苹果会往下落；到高中就需要算出苹果 1 秒内下落了多高，2 秒后的速度是多少。在初中我们只需要知道电荷同性相斥、异性相吸；到高中我们就要知道两个电荷相距 1 米，它们的吸引力和排斥力到底有多大。在初中我们只需要知道电荷在电场中会做加速运动；到高中我们就要算出电荷运动的具体轨迹。

为什么要有这样的转变？因为物理学是研究一切物质的运动形式和规律的学科，当然不能只满足于对物理现象做一些定性分析。我们从自然界中总结出了各种物理定律，再利用这些定律去改造自然。这可是一丁点儿差错都不能有的，必须进行精确的定量计算。

物理研究方法的多样性

物理学是对自然世界的描述。自然世界五彩缤纷，作为描述自然世界的物理学，则必然也是复杂和千变万

化的。物理学涵盖了机械运动、热运动、电磁运动、光和原子运动，对物理现象和规律的描述是多角度和多方位的。例如：力学中的运动定律在热运动中就不再适用，热学中涉及两种研究方法——宏观的热力学和微观的统计物理学，具有自己的独特性。因此，不同的运动形式其描述方法和处理方式也是不同的，不可能使用一种研究方法贯穿始终，于是就出现了物理学中的公式繁多、使用条件变化多端、学生感觉无所适从的现象。

❖❖物理条件的不确定性

分析学生在物理学习中遇到的问题，提到最多的是学生认为难以读懂题目，无法确定应该使用哪些公式。学生在处理物理问题的时候，需要确定题目中描述的物理现象发生的条件，而物理条件往往充满不确定性。同样的题干，可以有多种多样的物理条件，使用物理公式解决问题时就会出现相应的变化。例如：学生希望通过多做习题提高自己的解题能力，但到考试时才发现，考题往往都是之前没有做过的。看上去题目类似，但物理条件变化而使整道习题出现完全不同的答案，因此如何确定物理条件就成为物理学习的一大难题。

❖❖物理规律的数学描述

中学物理学习的最终结果体现在解题中，尤其是题目描述复杂、条件复杂的综合题，更令学生望而生畏。究其原因，就是物理中有太多的计算公式。所谓公式，其实就是物理规律的数学描述，物理学的定量描述就是使用已经得到公认的数学公式来分析问题、逻辑推理、表达结果的过程。因此，如何记忆物理公式并理解物理公式成立的条件成为学生学好物理的一大障碍。例如：匀加速运动表示的是加速度为定值的运动，学生往往会认为匀加速运动应该就是直线运动，曲线运动的加速度应该是变化的，但是抛体运动是曲线运动，却是实实在在的匀加速运动。像这样与第一反应相悖的物理规律常常给学生理解物理带来困难。

➡➡物理学并不可怕

五彩缤纷的物理现象、变幻多端的物理条件、数不胜数的物理公式，都是同学们学习物理的“噩梦”。但是物理真的这么可怕吗？其实并不然。我们之所以感觉物理很难，还是因为没有真正地认识物理，没有从精神上战胜自己，战胜自己的畏难情绪。如何认识到物理并不可怕，进而学好物理呢？

✣✣明确物理本质，形成物理观念

学好物理，首先要明确物理的本质，在学习过程中形成物理观念。主要的物理观念包括物质观、运动观、能量观、时空观和相互作用观。物理观念随着物理学习的深入不断地改进，也就是平常所说的进阶。

例如:在物质观中,质量在初中阶段表现为物体本身的一种属性,不随物体的状态而改变,在高中阶段则进阶为质量是物体惯性大小的量度;初中阶段建立整个宇宙是由物质组成的观念,高中阶段则进阶为宇宙中任何有质量的物体之间存在着相互吸引的万有引力;高中阶段建立光具有波粒二象性的观念,大学阶段则进阶为实物粒子具有波粒二象性等。

✣✣化繁为简——建立物理模型

为了形象、简捷地处理物理问题,人们经常把复杂的实际情况转化成一定的、容易接受的、简单的物理情境,从而形成一定的、经验性的规律,即建立物理模型。按照物理模型建立的方式,物理模型可以分为直接模型和间接模型两大类。其一,直接模型:如果对物理情境的描述能够直接在大脑中形成时空图像,就称之为直接模型,例如传统研究对象中的质点、木块、小球等。其二,间接模型:如果物理情境的描述在阅读后不能直接在大脑中形成时空图像,而要通过思维加工才形成时空图像,就称之为间接模型。显然,由于间接模型的思维加工程度比较深,因此比直接模型要复杂和困难。

对复杂的物理现象进行准确的描述非常困难,于是就需要将复杂的现象简化为简单的物理模型,确立研究对象的过程就叫“建模”。物理模型就是在研究和解决物理学问题时,舍弃次要因素,抓住主要因素建立的简单模型。例如：有一定体积的物体，在研究其整体运动状况时可以将其看作质点；气体分子有大小，相互之间有相互作用力，在热学研究中可以将气体分子看作无引力的弹性质点，建立理想气体模型；平行板电容器的边界电场有变化，可以考虑大面积、小间距的条件，从而忽略边界效应；光在通过透镜发生变化时，可以忽略透镜的厚度建立薄透镜模型；等等。通过建立物理模型，将物理问题化繁为简，将复杂运动转化为简单运动的合成，物理问题就变得简单了。

❖❖万物一理——研究方法的统一

要清楚地认识到，自然界的运行有自己的规律，我们所要做的就是认识这个规律，找到适合描述这个规律的数学表达方式。具体到物理学，就是认识物质在不同背景下的运动规律。例如：力学中的牛顿运动定律、玻量守恒定律、能量守恒定律等；热学中的热力学定律、玻尔兹曼分布律等；电磁学中的库仑定律、高斯定理、环路定理等。虽然从使用范围和使用条件上看，各种规律相互没有关系，但是通过深入思考就会发现，其中的原理都是相通的。例如：力学中我们使用牛顿运动定律研究质点的运动，在讨论热学中的热力学现象时，就需要将分子看作运动的质点，使用力学中的基本运动规律进行讨论。讨论电磁学中带电粒子的运动时，也是使用力学中的概念和方法。虽然研究的问题不同，但是研究方法却是统一

和共通的。

逻辑思维——物理独特的逻辑性

认识到万物一理之后，就要进一步了解物理独特的逻辑性。依靠死记硬背公式学习物理的学生最终都会发现，面对千变万化的问题，根本无法确定究竟应该使用哪个公式进行分析和讨论。学习物理要明确物理内在的逻辑性。从建立物理模型出发，明确研究方法，继而运用逻辑思维，确定问题中给出的适用条件，按照逻辑规律，分析问题，选择适用的公式建立方程，从而解决问题。

因此，只要从本质上认识物理，理解物理，掌握物理，物理也就不再可怕了。

战胜自己就成功了一半

以上的相关分析很多同学其实早已明白，可是为什么还有那么多的学生无法学好物理呢？

因为只有清醒的认识还不够，还要从心理上坚定学好物理的信念，从实践中掌握学好物理的方法。首先，要克服对物理的恐惧心理；其次，要脚踏实地，循序渐进；再次，要不断挑战难度，步步提高。

克服对物理的恐惧心理

为什么同学们在初中学习物理的时候感觉物理很有趣，成绩也都不错，而到了高中就感觉物理难度大增，甚至感到无所适从呢？除了不适应初高中物理学习内容和研究方法的转换之外，畏难情绪也起了一定作用。大多数同学在学习高中物理的时候，潜意识里就有一种恐惧心理。因为家长、老师、同学都在说要好好学习物理，因为物理太难了。于是在学习过程中一旦遇到难以解决的问题，不是努力地想尽办法解决问题，而是感觉自己学不好物理，自哀自怨。如果再对比其他学科，发现物理成绩总是自己各科成绩中最低的，更加深了自己的畏难情绪，从而最终放弃学习物理。因此，学好物理的第一步就是要战胜自己，克服恐惧心理。物理作为理科的基础学科，是从最基础的知识开始学习的，有着自己的规律，初中升高中可能会经历定性到定量学习的“阵痛”，但不能因为遇到困难就产生畏难情绪。所以，同学们应该放下思想包袱，从精神上战胜自己，坚信只要方法正确，就一定可以学好物理。

❖❖脚踏实地，循序渐进

并不是在精神上不惧怕物理就可以学好物理了，不惧怕物理仅仅是学好物理的第一步。学好物理还需要脚踏实地，循序渐进。

从学习物理伊始，就要认真对待每一个物理概念，从物理本质上建立物理观念。例如：简单的质点模型，一定要认真思考质点究竟意味着什么物理观念，质点模型成立的条件是什么。

一定要弄清楚物理公式的来龙去脉。物理公式都不是凭空出现的,有的是依靠实验总结出来的,有的是从已有的物理规律中通过严密的逻辑推理推导出来的。例如:力学中的动量定理,就是根据牛顿第二定律,变换研究角度推导出来的。物理规律和物理公式都是有迹可循的,不能死记硬背,而要明确物理本质,通过改变适用条件,利用逻辑推理得到需要的数学表达式。

认真分析确定问题的背景和初始条件,利用逻辑思维掌握物理问题的本质。依靠题海战术,依靠背题不能真正学好物理。每年的高考题都会根据当时的社会热点编制新的综合性题目。例如:2020 年理科综合全国Ⅰ卷第 16 题以同学表演荡秋千为情境,考查常见的娱乐休闲运动中蕴含的物理学原理;2020 年理科综合全国Ⅱ卷中就通过设置管道高频焊机、摩托车、CT 扫描、海水、特高压输电、滑冰运动员、潜水钟等生产生活的实际问题以及实验探究问题和物理学科问题,考查学生对知识的综合运用能力。

✣✣挑战难度,步步提高

在学习物理的过程中,遇到难题是经常的事情,关键是解决难题之后,一定要认真分析问题出在哪里,然后举一反三,不断去解决新的难题。要在学习过程中不断挑战难度,不断提高自己对物理的敏感度,将物理作为个人素养提升的重要部分,训练自己的物理观念和逻辑思维,遇到问题就会自然而然地使用物理观念和逻辑思维思考问题、分析问题和解决问题。

➡➡掌握正确合理的学习方法

物理是一门逻辑性非常强的学科，学好物理除了要在精神上克服恐惧心理外，还应该掌握正确的学习方法。下面我们就聊一聊学好物理的方法。

✣✣善于观察，于观察的过程中学习物理

物理学是研究自然界中物理现象的学科，包括力、声、热、电和磁、光、原子的运动变化等现象。我们周围的世界都是由物质构成的，许多生产和生活现象都是物理现象，要学好物理，就要认真观察生活中存在的各种物理现象。

首先，观察要广泛、全面。物理学得比较好的学生，大多勤于观察、善于观察。这些学生往往兴趣广泛、求知欲强、眼界开阔、见多识广，具有很强的好奇心。他们在学习物理时，往往实物感较强、思路较宽，比较容易掌握物理现象和物理过程，从而进行正确的分析。例如：看到彩虹，不是单纯好奇其五彩斑斓的色彩，而是注意观察并思考：彩虹有几种颜色？为什么有这几种颜色？这几种颜色是如何排列的？为什么会这样排列？我们常说的霓虹中的“霓”与“虹”是否是一回事？区别在哪里？勤于观察，善于提出问题，必将对物理产生浓厚的兴趣，推动自

己去学习，去研究，去探索。

其次，观察要有针对性。在广泛观察的基础上，应该注重观察与已学知识有关的物理现象。例如：初中学习了“压强”这个概念，我们就要注意观察物体间相互作用时产生的压强与作用力和受力面积的关系。例如：坦克的履带很宽；载重汽车的后轮有四个甚至更多；刀磨后切东西更快；等等。要将这些日常现象与“压强”这一概念联系起来。久而久之，就会在大脑里积蓄大量的物理现象及与之相关的物理知识。

再次，观察要有明确的目的。对于看到的现象，不应只关注它的外表，而是找出现象背后所隐藏的物理原理、物理规律。例如：看到硬币浮在水面上，就应该与液体的表面张力联系起来；看到肥皂泡上五颜六色的花纹，就应该与光的干涉联系起来。

千万不能对周围发生的一些现象熟视无睹，漠不关心，不观察，不思考，这对学习物理是不利的。其实，许多物理定律的发现和重大发明都是源于观察的。如瓦特烧开水时观察到水蒸气产生的力推开了壶盖，在此基础上受到启发改进了蒸汽机等。

✣✣重视实验，在实验的基础上掌握物理规律

物理学是一门以实验为基础的学科，许多物理规律都是从模拟自然现象的实验中总结出来的。多做实验可

以帮助我们形成正确的概念，增强分析问题、解决问题的能力，加深对物理规律的理解。宋代诗人陆游曾经说过：“纸上得来终觉浅，绝知此事要躬行。”要获得更多知识，仅靠书本是不够的，还必须亲身实践，把知与行、脑与手结合起来。

重视演示实验和分组实验。现在学校都十分注重对学生动手能力的培养，课堂上老师将演示很多的实验，学生也将做许多分组实验。对这些实验，同学们要认真观察并分析实验现象，弄清每个实验的目的、原理，了解仪器的性能与使用方法，明确实验的步骤。做实验时，要遵守操作规程，依据步骤认真实验，仔细记录，通过正确的处理和分析，得出正确的结论。

创造条件开发简单实验。同学们自己应尽量创造条件，多做一些简单的实验。例如：学习“重心”后，可用不规则的木板通过“悬挂法”找出物体的重心；学习“摩擦力”后，可用橡皮筋代替弹簧系在木块上，改变放在木块上物体的质量，寻求水平面上摩擦力与重力间的定性关系。这些实验对掌握物理规律都是十分有益的。

勤于思考，注意培养自己的逻辑思维能力

物理学是研究物质运动的最基本、最普遍的规律的学科，它的规律性很强，单靠死记硬背是学不好物理的，一定要勤于思考，加强理解，掌握其规律。爱因斯坦说过：“学习知识要勤于思考。思考，再思考，我就是靠这个

学习方法成为科学家的。”

同学们不仅要勤于思考,还要善于分析。要做到这一点,最根本的方法是在具体的实践中加以培养和训练。每学一个概念,要力图弄清这个概念是怎么得来的?是如何定义的?物理意义是什么?和其他物理量之间有什么关系……每学一个规律,要力图搞清这个规律是如何得来的?适用条件和使用范围是什么?和其他规律之间有什么关系……每做一道习题,要力图搞清这道题描述的是什么物理现象?物理过程如何?该用哪个规律去解题……勤于思考,善于分析,就一定会由“勤思”而“善思”,由“善思”而“善进”,不断提高分析、判断、推理、归纳和想象的能力。

✣✣善于总结,把所学物理知识、物理规律理解透彻

各种物理规律总是寓于形形色色的物理现象之中,相互联系密切又千变万化。因此,学习物理除了要勤于思考、善于分析外,也要学会总结,提纲挈领,把书由“厚”变“薄”;又要能举一反三,联系到与之相关的知识,将书由“薄”变“厚”。就像渔网一样,撒得开,收得拢,张网撒一片,收网几条线,物理知识必然井然有序,条理分明。

✣✣将理论与实践联系起来,在实践的基础上学好物理

很多物理知识都来自生产、生活,反过来又指导我们改进生产、生活。因此,我们不应把物理当作一门纯理论

科学。物理作为一门自然科学，其知识与生活实际有着非常密切的联系。将理论知识与实践活动相结合，用所学知识去解释、分析现实生活中的现象，更能激发自己的学习兴趣，从而收到更好的学习效果。

物理学模型的构建——几何学与物理学图像的结合

任何物理规律都可以用文字描述、数学表达（数学公式）和物理图像来表示，所以在学习物理规律时，应该从这三个方面全方位地去理解、记忆和应用。

物理规律就是研究物体力、热、声、光、电、运动等不发生化学变化的自然规律，是科学家们以观察为基础，经过多年重复实验并在科学领域内被普遍接受的典型结论。例如牛顿运动定律、能量转化和守恒定律等，都是运用文字进行描述的物理规律。

用定量的数学公式描述物理规律属于数学表达，亦即常说的物理公式。物理公式用数学语言描述物理规律，可以精确地表示各物理量之间的相互关系。物理公式与数学公式不同，数学公式没有物理意义，而有物理意义的定律、定理，却可以用数学公式表达出来。例如：牛顿第二定律中物体所受的力、物体质量、物体加速度之间的关系可以表示为：$F=ma$；自由落体运动中物体下落速度与时间的关系可表示为 $v=gt$；物体下落距离与时间的

关系可表示为 $h=\frac{1}{2}gt^2$。

➡➡什么是物理学模型?

研究和解决物理学问题时,舍弃次要因素,抓住主要因素建立的简单模型就叫物理模型。模型化阶段是解决物理问题过程中最重要的一步,直接关系到能否顺利解决物理问题。培养模型化能力,即培养依据物理情境,正确选择研究对象,抽象出物理结构并进行研究的过程模式。

学好物理的基础是要构建正确的物理模型。物理模型的构建需要几何学与物理图像的结合。物理图像也称物理图景。《普通高中物理课程标准》(2017 年版 2020 年修订)在课程性质一栏明确提出:"高中物理课程在义务教育的基础上,帮助学生从物理学的视角认识自然,理解自然,建构关于自然界的物理图景。"几何学是研究图形的科学,以人的视觉思维为主导,培养人的观察能力、空间想象能力和洞察力。利用几何学的图形描述物理图像,就可以构建清晰的物理模型。

构建模型的方法有很多,根据不同方法构建的物理模型也有所不同。中学阶段的物理模型一般可分为五类:物质模型、对象模型、状态模型、条件模型和过程模型。

物质模型

物质模型是对实际的物质结构忽略次要因素,抓住主要因素而建立的模型。物质一般分为实体物质和场物质。在现代物理学研究中，还存在暗物质与暗能量，同学们可以根据兴趣进一步了解，在此不加讨论。

实体物质模型：例如，力学中的质点、轻质弹簧、弹性小球等，热学中的理想气体，电磁学中的点电荷、平行板电容器、密绕螺线管等，光学中的薄透镜、均匀介质等。

场物质模型：例如，匀强电场、匀强磁场、引力场等。

对象模型

现实世界中的研究对象往往非常复杂，给我们分析问题带来不少麻烦。比如最常见的光源——灯泡，灯丝的形状不一，灯泡的外形和大小也各不相同。但在物理学中，灯泡外形上的差异属次要因素，我们研究的是它发出的光。因此，我们可以忽略灯泡的大小、外形等次要因素，将灯泡简化成一个能发光的点，称为“点光源”，这个“点光源”就是一种对象模型。再来看现实世界中的光，光有一定的传播路径和方向，还有亮度、颜色之分。如果要研究光的传播特点，那么光的亮度、颜色就是次要因素，就可以忽略。于是，我们仅仅用一条带箭头的直线来表示光，称为光线。所以，光线也是一种对象模型。

状态模型

描述物体运动状态所建立的模型称为状态模型。例如：研究流体力学时，流体的稳恒流动状态；研究理想气

体时，气体的平衡态；研究原子物理时，原子所处的基态和激发态；等等；都属于状态模型。

✣✣条件模型

现实中的物理情境都是处于一个条件复杂多样的环境中，受到温度、空气阻力、物体表面光滑程度等因素的影响。为了研究问题的方便，我们可以忽略这些因素的影响，将这些条件理想化，这就是条件模型。

例如：不计空气阻力模型。空气虽然看不见，摸不着，但它真实存在。物体在空气中运动会受到空气对它的阻力，但与物体受到的其他力相比，空气阻力显得微不足道，因此可以忽略。那么，不计空气阻力就是一种条件模型。

✣✣过程模型

忽略次要因素的物理过程称为过程模型。例如：在研究质点运动时，匀速直线运动、匀变速直线运动、匀速圆周运动、平抛运动、简谐运动等；在研究理想气体状态变化时，等温变化、等压变化、等容变化、绝热变化等；还有一些物理量均匀变化的过程，如某匀强磁场的磁感应强度均匀减小、均匀增大等；非均匀变化的过程，如汽车突然停止等都属于过程模型。

物理模型是对实际物理现象的抽象，每一个物理模型都有一定的适用条件和使用范围。学生在学习和应用物理模型解决问题时，要弄清物理模型的使用条件，根据实际情况加以运用。

➡➡如何运用物理学模型？

合理的物理模型和理想化过程是抽象思维的产物，是研究物理规律一种行之有效的方法。在遇到一些典型物理问题时，同学们应该利用物理模型简化思路，有效解决问题。

✣✣构建物理模型是研究物理问题的一种科学思维方法

物理模型的理想假设是物理学中一种特殊的科学思维方法，它是在系统的观察与实验基础上，抓住主要因素，忽略次要因素，对实际过程做出更深入的逻辑分析和抽象的一种方法。同学们在学习过程中一定要弄清楚这样几个问题：研究对象是什么？可被视为什么模型(对象模型)？它做什么运动？具有哪些特点？可以用什么模型(过程模型)来描述？要明确为什么要这样做，为什么能这样做，这样处理问题对实际问题有什么影响。

✣✣学会合理近似与舍弃

合理近似是建立物理模型常用的手段，学生往往习惯于严密的数学推理，对处理问题过程中的一些近似方法难以把握。在建立物理模型的过程中，要学会“忍痛割爱”，懂得“有舍才有得”的道理。

✣✣注意归纳和辨认

有些问题从表面上看相差甚远，但实际上是同一模型的不同表现——形似质同。例如：在建立“单摆”这一理想化模型并学习了单摆的周期公式之后，就可以解决与单摆类似的一系列问题，如在竖直的光滑圆弧轨道内小球做小幅度运动的时间问题，小球在竖直加速运动的升降机内摆动的时间问题，带电小球在复合场中的小角度摆动问题等。

也有一些问题从表面上看是相似的，但实际上是不能用同一模型进行处理的——形似质异。如相同的摆处于不同的环境中做小角度振动，讨论环境对振动周期的影响。

✣✣注意相似模型的差异

在运用物理模型讨论问题时，还要注意相似模型的区别，如轻绳模型与轻杆模型的区别。要注意理想模型与实物原型的差别，原型是模型的基础，模型是原型的简化，是原型的主要属性的抽象体，但它不能反映原型的全部属性。例如：在通常情况下电压表是理想电表，是测量电压的仪表，它的示数表示电表两端的电压大小。但是，在实际应用中可能出现电压表接在有电压的两点间却没有读数的情况。

✣✣注意条件的变化

在研究物理问题时，突出主要因素，忽略次要因素，从而建立了物理模型。但是当某些条件发生变化时，次要因素可能会转化为主要因素，使得原有模型失效。例如：库仑定律是建立在“点电荷”模型基础上的，当两个带电体非常接近时，“点电荷”的条件不能成立，就不能应用库仑定律，否则就会推出静电力无穷大的荒谬结论。

✣✣注意物理模型的发展完善

物理模型是在一定的科学技术和认识水平上，对某一实物、过程、条件抽象的结果，随着科技的不断进步、实验手段的更新和科学理论的发展，物理模型会暴露出一些缺陷和一定的局限性，需要根据新的背景修正物理模型，甚至重新建立新的物理模型。例如：原子结构模型的建立，卢瑟福的核式结构模型成功解释了 α 粒子散射问题，但与经典电磁理论矛盾。玻尔在卢瑟福核式结构模型的基础上部分地引入了量子化的观点，提出了成功解释氢光谱规律的玻尔原子模型，但在解释多电子原子的光谱时，结果与实验出入很大，暴露了玻尔原子模型的局限性。在量子理论基础上建立的原子模型，能够解释玻尔原子模型不能解释的现象。所以，物理模型是不断发展完善的。

▶▶科学思维——理解物理学现象的基本方法

科学思维，也叫逻辑思维，即形成并运用于科学认识

活动、对感性认识材料进行加工处理的方式与途径的理论体系。在科学认识活动中,科学思维必须遵循三个基本原则:在逻辑上要求严密的逻辑性,达到归纳和演绎的统一;在方法上要求使用辩证分析和综合判断两种思维方法;在体系上实现逻辑与历史的一致,达到理论与实践的具体的、历史的统一。

➡➡物理学需要科学思维

学习物理总是从感知开始的,但不能只停留在感性认识阶段,必须透过现象看本质,由表及里地认识物理现象的本质特征和内部联系,即通过比较、分析、综合、抽象、概括,达到认识的理性阶段。这种由感性认识到理性认识的过程就是科学思维过程。

✣✣科学思维是核心素养的重要内容

从物理学视角对客观事物的本质属性、内在规律及相互关系进行认识的方式,是基于经验事实建构理想模型的抽象概括过程;是分析综合、推理论证等科学思维方法的内化;是基于事实证据和科学推理对不同观点和结论提出质疑、批判,进而提出创造性见解的能力与品质。"科学思维"主要包括模型建构、科学推理、科学论证、质疑创新等要素。

✣✣抽象和概括——物理研究遵循科学思维

大到宇宙天体,小到微观粒子都是物理学研究的对象，而它们往往是错综复杂的，对于特定的研究对象，影响因素也是多种多样的。然而，并不是所有因素都起着同等重要的作用。因此，为了研究问题的方便，采取暂时舍弃次要的、非本质的因素，突出主要的、本质的因素，这种科学的处理方法，叫作科学的抽象和概括。

物理学中研究的物体和过程，都是利用抽象和概括的方法建立起来的理想化模型（理想化客体、理想化过程）。例如：质点、刚体、理想气体、点电荷、点光源、光滑平面、匀强磁场等，这些研究对象都是理想化的客体；又如：匀速直线运动、匀变速直线运动、匀速圆周运动、抛体运动、简谐振动等，都是理想化过程。

❖❖科学的判断——科学思维是物理研究的基本方法

所谓判断，是指运用概念对事物、现象做出肯定或否定结论的思维形式。一般来说，物理学中的判断有简单判断和复合判断两种。

简单判断是由两个概念组成、用简单语句表达的判断。例如：在观察、实验之后，得出“物体具有惯性”这一结论，就是一个简单判断；通过多次观察各种事物，分别得出相同结论，归纳得出“一切物体都具有惯性”的结论，也是一个简单判断。

复合判断是由两个以上的概念组成、具有并列存在性质的判断。例如：“如果给金属加热，则它的温度会升

高。"这里涉及三个概念：金属、加热、温度，给金属加热是前提条件，温度升高是做出的判断。

✣✣科学的推理——科学思维是物理研究的主要方式

推理，是根据一个判断或一些判断推出另一个新的判断的思维形式，根据思维进程的不同，推理可分为归纳推理、演绎推理和类比推理。

归纳推理是由一些个别化的判断推出一般性的判断的推理，也就是从个别化规律推出一般性规律的思维形式。归纳推理又分为简单枚举归纳推理、完全归纳推理和科学归纳推理。

只以一个或几个事例作为依据，就归纳出一般性的结论，称为简单枚举归纳推理。例如：根据天文观测得知地球是绕太阳运动的，金星是绕太阳运动的，于是得出结论：太阳系的所有行星都是绕太阳运动的。简单枚举归纳推理所得的结论，并非完全正确，尚需实践检验。

如果根据天文观测得知水星、金星、地球、火星、木星、土星、天王星、海王星都绕太阳运动，于是得出结论：太阳系的八大行星都绕太阳运动。这种归纳推理叫作完全归纳推理。

显然，完全归纳推理是不容置疑的，然而这是一种理想化的推理，不具普遍意义。

不仅根据大量的实验事实，而且对每个事实所做出的判断进行分析，做出科学的解释，然后进行概括，从而归纳出一般性的结论，这种归纳推理叫作科学归纳推理。例如：通过实验发现，铁受热后体积膨胀，银、铜受热后体积也膨胀。经过分析知道：铁、银、铜等纯金属受热后，分子运动加剧，反抗分子间相互束缚作用的本领增强，从而使分子间的距离增大，即体积膨胀。最后得出结论：所有纯金属受热后，其体积膨胀。这是物理学中经常采用的科学归纳推理。

演绎推理是由一般性的判断推出个别化的判断的推理。也就是说，它是从一般性规律演绎推出个别化规律的思维形式。其具体过程是根据已知的一般性的规律，通过分析并限制条件，运用数学的推演，得出个别化的规律。

类比推理是由一个个别化判断推出另一个个别化判断的推理。其思维过程是对两个或两类对象进行比较分析，根据它们有部分属性相同，从而推出它们的其他属性也可能相同的结论。例如：惠更斯把光现象和声现象进行类比，根据两者都能够发生反射、折射，从已知的相同点推理得知光和声一样，都是一种波，提出光的波动说。德布罗意根据光的波粒二象性提出微观粒子也具有波动性，提出物质波的概念，这些都是物理学史上应用类比推理的方法提出假说的实例。

➡➡如何提高物理学中的科学思维能力

物理学中的科学思维，是具有意识的人脑关于客观

物理事物(包括物理对象、物理过程、物理现象、物理事实等)的本质属性、内部规律及物理事物间联系的间接的、概括的和能动的认识活动过程。物理学中的科学思维的主体是具有特殊生理和心理机制的人,其客体是客观物理事物。

物理学中的科学思维的各要素是密切联系、互为因果、相互制约的,它们相互作用而达到均衡发展和完美结合,才构成物理智慧。如何提高物理科学思维能力呢?可以从联想思维、逆向思维、发散思维、组合思维等几个方面进行。

联想思维

联想思维是人们进行创新时常用的一种思维方法,就是把表面上看似无关的两个事物相联系,从而引发新的思路。联想一般是由于某人或者某事而引发的相关思考,人们常说的"由此及彼""由表及里""举一反三"等就是联想思维的体现。联想思维的训练方法是在两个没有关联的信息间加以各种联想,将它们联接起来。例如:粉笔—原子弹,可以这样联想:粉笔—教师—科学知识—科学家—原子弹。

逆向思维

逆向思维,又称"反向思维",是指从反面(对立面)提出问题和思考问题的思维过程,是用悖逆常规的思维方法来解决问题。逆向思维与人们的习惯性思维相反，打破常规思路，换角度反过来进行思考。逆向思维是以反常的方式去思考、发明、创造。例如：1＋1＝1，可以理解为1滴水＋1滴水＝1滴水。需要注意的是，逆向思维绝不是沿着“原路”返回，而是跳跃到一条新的路径上反向进行，从而达到新的目的。

发散思维

发散思维，又称“辐射思维”“放射思维”“扩散思维”“求异思维”，是指大脑在思维过程中呈现一种扩散状态的思维模式。它表现为思维广阔，呈现出多维发散状，如“一题多解”“一事多写”“一物多用”等。不少心理学家认为，发散思维是创造性思维最主要的特点，是测定创造力的主要标志之一。发散思维就是从不同方向、不同途径和不同角度去探寻多种可能的解决方案，最终获取对问题的圆满解决。

组合思维

组合思维，又称“联接思维”或“合向思维”，是指把多项貌似不相关的事物通过想象加以联接，从而使之变成彼此不可分割的新的整体的思维方式。组合思维可以把两个或两个以上的事物、现象、原理等组合起来，从而产生新的构想。需要注意的是，这里的“组合”是思维的积极发散，不是偶然的拼凑，是从多方位、多角度探索组合的可能性。

✣✣思维导图

思维导图，又称“心智导图”，是表达发散思维的有效图形思维工具，是一种将思维形象化的方法。它简单高效，是一种实用的思维工具。思维导图运用图文并重的技巧，把各级主题的关系用相关的层级图表现出来，使主题关键词与图像、颜色等建立记忆联接。

思维导图充分运用大脑的机能，利用记忆、阅读、思维的规律，协助人们在科学与艺术、逻辑与想象之间平衡发展，从而开发人类大脑的无限潜能。因此，思维导图是培养科学思维的一个非常好的训练方法。图 3 为高中物理知识点的思维导图，学生可以按照这个方式继续分解构建更全面的思维导图。

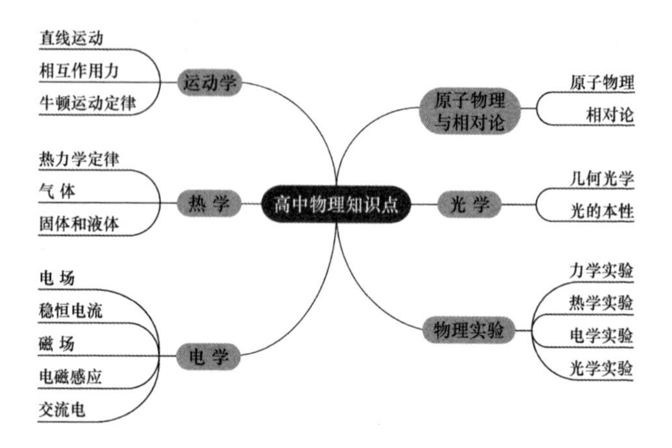

图 3　高中物理知识点思维导图

▶▶科学探究——从物理学规律到数学描述

高中物理与初中物理的最大区别在于对物理规律从定性描述过渡到定量描述。准确地定量描述物理规律需要使用数学公式,数学公式是物理学的基本工具,但是物理规律不能简单地等同于数学公式加物理意义。数学是解决物理问题的重要工具,也是物理发展的根基,赋予数学表达式中的各种符号物理意义仅仅是一个前提。因为所有的物理规律都必须有一个参考系,不同的参考系对应的坐标系不同。例如:一个物体做竖直上抛运动,它到达顶点之后的运动实际上变成了自由落体运动,在这里物体的速度与坐标系的选择有关。所以,不能单纯地用数学公式加物理意义解决物理问题。

此外,物理规律中的定量关系需要不断在实验中进行探究,不断改进实验方法,提高实验仪器的精确度,并多次反复,才能寻找到准确的数学表达式。

➡➡科学探究是物理学学科核心素养的重要内容之一

《普通高中物理课程标准》(2017 年版 2020 年修订)中明确指出:"科学探究"是指基于观察和实验提出物理问题、形成猜想和假设、设计实验与制订方案、获取和处理信息、基于证据得出结论并做出解释,以及对科学探究过程和结果进行交流、评估、反思的能力。"科学探究"主要包括问题、证据、解释、交流等要素。

物理学科核心素养主要包括“物理观念”“科学思维”“科学探究”“科学态度与责任”四个方面。科学探究是其中的重要内容之一。通过高中物理的学习，学生应具有科学探究意识，能在观察和实验中发现问题，提出合理猜想与假设；具有设计探究方案和获取证据的能力，能正确实施探究方案，使用不同方法和手段分析、处理信息，描述并解释探究结果和变化趋势；具有交流的意愿与能力，能准确表述、评估和反思探究过程与结果。

要想学好物理，就要养成科学探究的习惯，不断提升自己科学探究的能力。按照科学探究的要素将科学探究过程分为如下几个步骤：

❖❖提出物理问题

解决物理问题，一般都会面对真实的物理现象或者某种物理情境下的物理现象，进行科学探究首先要能够基于物理现象，通过观察和实验提出物理问题。例如：要探究物体之间的摩擦力问题，就要通过对两个物体之间相对运动的观察，或者对两个有相对运动趋势的物体受力的分析，提出关于摩擦力的问题：摩擦力的产生条件是什么？影响物体之间摩擦力的主要因素有哪些？

❖❖形成猜想和假设

通过对物理现象的观察和对初步实验结果的分析，依据已有的知识经验对问题的可能答案做出猜想与假设,并经过讨论、思考做初步的论证。例如:针对摩擦力所提出的问题,可以做如下的猜想和假设:摩擦力发生在具有相对运动或相对运动趋势的两个物体的接触面间;摩擦力与接触面的大小有关;摩擦力与两物体间的压力有关;摩擦力与两物体接触面的粗糙程度有关。

✣✣设计实验并制订方案

针对做出的猜想与假设,设计实验并制订方案,包括选择实验仪器,测定实验变量,设计实验步骤,预期实验结果等。例如:探究摩擦力的实验,可以通过测量拉动木块需要的拉力判断摩擦力的大小与哪些因素有关。所用实验器材包括弹簧测力计(或力传感器)、不同粗糙程度的木块若干、表面光滑和表面粗糙的木板、砝码若干、润滑剂。要测定的实验变量:不同木块在不同木板上受到的拉力、木块上面放置不同的砝码时木块受到的拉力等。设计实验步骤:木板水平放置,将木块放在木板上,缓慢用弹簧测力计拉动木块,观察弹簧测力计上的读数……更换木板……木块上放置不同数量的砝码……在木板上涂抹润滑油……预期实验结果:使用图表分析实验结果,验证猜想与假设。

✣✣进行实验,获取和处理信息

按正确的实验步骤,规范地进行具体的实验操作。收集并整理通过实验得出的实验数据以及其他和猜想与假设有关的所有资料、信息等,为验证猜想与假设做充分

的准备。将实验结果制成表格或画出变化图像,清晰地反映各变量的关系。

✥✥解释与结论

对收集到的资料进行分析、讨论,得出事实证据与猜想和假设之间的关系,通过比较、分类、归纳、概括等方法,得出最后的结论。例如:通过对实验结果的分析总结得出结论:摩擦力的大小与接触面的粗糙程度有关,与接触面所受压力成正比,与接触面的大小无关。

✥✥反思与评价

得出结论后,要有对探究结果的可靠性进行评价的意识。用口头或书面方式表达探究过程的结果,并与他人进行交流。在交流讨论时,要敢于发表自己的观点,倾听并尊重他人的意见。在实验方案、现象、解释等方面与他人存在不同之处时,能与他人进行讨论,不断反思,并提出具体的改进建议,体验探究活动的乐趣,获得成功的喜悦,培养自己对科学探究过程和结果进行交流、评估、反思的能力。例如:可以一起讨论为什么摩擦力的大小与接触面的大小无关,为什么摩擦力的大小与压力成正比而不是与压强成正比,等等。

✥✥拓展与迁移

科学探究中一个非常重要的步骤是将科学探究出的实验结论进行拓展与迁移,并应用于解决相关的实际问题。当然,也可以针对探究中的某些问题或衍生出来的问题继续进行科学探究。不断拓展与迁移的过程,实际上就是不断将科学探究意识内化和科学探究能力提升的过程。要把科学探究培养成自身的一种内在素养,养成发现问题、提出问题、猜想与论证的好习惯。

➡➡数学是物理学定量描述的工具

数学能使物理精确化,便于定量分析。数学是物理的抽象描述,物理是数学的客观存在。在物理学中,物理规律大都是用数学公式表达的,即"物理公式",但物理公式与数学公式并不等同。数学公式没有物理意义,而有物理意义的定律、定理,一定能用数学公式来表达。

确定坐标系

物理规律往往会有一个参考系,不同的参考系对应的坐标系也不一样。因此,确定物理公式必须首先确定坐标系,然后才能通过分析物理过程与数学公式联系起来。

物理意义的定域性

所谓定域性,就是复杂的数学公式中经常会出现取值的区间问题,当某个变量取值在某个区间内时得出一个解,当取值在另一个区间内时会得出另一个解。因此数学公式中的定域性是否具有物理意义需做进一步的讨论。例如:在自由落体运动中,知道物体下落的距离,求

解物体运动所用时间时，根据物理公式 $h=\frac{1}{2}gt^2$，通过数学计算可以解出所用时间 $t=\pm\sqrt{\frac{2h}{g}}$，因为时间为负值没有物理意义，所以舍去。这就是物理意义的定域性。

数学公式与物理公式的最大区别是定域性，即不同的解代表的物理现象是否存在。即便是同样的公式，随着科学研究的深入，物理概念也会发生变化，数学公式的物理意义也可能不断扩大。有物理意义的定域性的确定，取决于当时人们的科学认知，不是绝对的、必然的，比如狄拉克方程中的能量负解，刚被提出时被认为是“物理学界的悲哀”，是不存在的，但是随着科学研究的发展，发现了“反粒子”这种新物质。

❖❖实验总结与理论推导

物理规律一般有两大类：一是实验定律，即基于大量实验事实总结出来的规律。例如：牛顿第二定律 $F=ma$；胡克定律 $f=-kx$。二是由已经确定的实验定律与新理论通过数学推导得出的新的结论。例如：普朗克通过黑体辐射实验结果和量子假设推导出描述黑体辐射的普朗克黑体辐射定律。

❖❖计算物理的发展

计算物理是研究使用数值方法分析可以量化的物理学问题的学科，有学者将其看作介于理论物理与实验物理之间的第三个物理学分支。在运算过程中，仅仅符合数学规律的“数学性”，方程式就能得以推进，但如果不符合物理规律的“物理性”，其运算过程在物理中就是不成立的。因此在大多的前沿物理中，都把计算规则建立在超维空间上，因为超维空间的“物理性”不受现实世界的束缚，但这样的物理论证只是解释了一个物理规律的可能，还不能称为真正的定律。

总体来说，数学公式与物理公式“形似而神不似”，本质上是不一样的，物理公式有着严格的特殊性，对物理公式的讨论要比数学公式复杂得多。如果没有对物理世界深刻的认知，就难以得出有效的物理意义，而只有具有有效物理意义的物理公式才能被有效地应用。

要想学好物理，首先要战胜自我，克服对物理的恐惧心理，然后通过合理的规划，从构建物理模型、培养科学思维、提高科学探究能力入手，按部就班地认识物理、理解物理、掌握物理，最终掌握理解世界和解释世界的能力，将自己融入对物质世界的研究，体会学习物理的乐趣，体会成功征服物理的快乐。

物理学学科的地位与优势

真正的科学是富于哲理性的，尤其是物理学，它不仅是走向技术的第一步，而且是通向人类思想的最深层的途径。

——马克斯·玻恩

初中和高中的物理学习都将物理作为一个单一整体来学习，虽然将其分为力学、热学、电磁学、光学和原子物理学，但仍然认为它们是互相联系和彼此交叉的。实际上，物理学科绝不仅仅这么单一，从进入大学开始，除了有物理学专业以外，还有更多与物理相关的专业和研究方向。下面我们就从中国普通高等学校本科专业开始介绍物理学科的地位与优势。

▶▶物理学学科包含哪些相关专业?

在介绍物理学科所包含的专业之前，有必要对其中的一些专有名词做一下简单的解释。第一个是学科。学科一般有以下两种含义：其一，相对独立的知识体系。人类所有的知识体系可划分为五大门类：自然科学、农业科学、医药科学、工程与技术科学、人文与社会科学。其二，我国高等学校本科专业设置的学科可划分为 13 个门类：哲学、经济学、法学、教育学、文学、历史学、理学、工学、农学、医学、军事学、管理学、艺术学。物理学属于理学。第二个是研究领域。研究领域是研究范围的划定，一般是指某个类别或者某个学科针对的研究范围。比如自然科学的研究领域、物理学的研究领域等。第三个是专业。这里的专业是指高等学校的一个系里或中等专业学校里，根据科学分工或生产部门的分工把学业分成的门类。

学科、研究领域、专业是互相包含的关系，比如自然科学的研究领域包括数学、物理学、化学等学科，物理学的研究领域包括力学、热学、声学、光学等专业；力学专业又包含固体力学、流体力学、结构力学等研究方向。要想弄清楚物理学的地位，就要对物理学在自然科学中的地位、与其他学科的关系、物理学的研究领域和所包含专业进行了解。下面我们就从自然科学说起。

➡➡自然科学的研究领域

自然科学包括物理学、化学、生物学、天文学、地球科学等基础科学和医学、农学、气象学、材料学等应用科学，还包括描述自然规律的数学和发展迅速的信息科学和系统科学。数学在自然科学研究中不可或缺，因为自然科

学就是以定量手段去研究自然规律,而对规律的描述离不开数学。

自然科学中还有一个重要的学科叫力学,这里所说的力学是独立于物理学之外的一门基础学科,它与物理学中的力学有交叉,更有区别。物理学中的力学主要研究物质遵循的一般力学规律。这里的力学却涵盖更多的研究对象,如固体力学、流体力学、生物力学、环境力学、纳米力学等,还有研究物质性质的弹性力学、塑性力学、爆炸力学、断裂力学等,更有专注于研究方法的分析力学、结构力学、应用力学等。这里的力学关注的是更具体的工程力学方面的研究,更倾向于工科方向。

➡➡物理学的研究领域

物理学的研究领域主要是各种物质结构和各种物理现象。主要分为以下四个方面:

✣✣凝聚态物理

凝聚态物理研究物质的宏观性质,这些物质的相(相是指一个宏观物理系统所具有的一组状态,通称为物态,处于一个相中的物质拥有单纯的化学组成和物理特性,如物质的密度、折射率)内包含极大数目的组元,而且各组元间的相互作用极强。我们最熟悉的凝聚态相是固态和液态,它们由原子间的键和电磁力所决定。凝聚态还包括等离子态(超高温时分子被分解为电子和离子的状态)、超流和玻色-爱因斯坦凝聚态(极低温时在某些原子系统内发现的状态);某些材料中导电电子呈现的超导相;原子点阵中出现的铁磁和反铁磁相等。凝聚态物理一直是物理学中最大的研究领域。

✣✣原子、分子和光学物理

原子、分子和光学物理研究原子尺寸或几个原子结构范围内的物质与物质和光与物质的相互作用。这三个领域是密切相关的,因为它们都使用类似的方法和有关的能量标度,从微观的角度处理问题。

原子物理处理原子的壳层,主要研究原子和离子的量子控制、冷却和诱捕,低温碰撞动力学,准确测量微观粒子的基本常数,电子在结构动力学方面的集体效应等。原子物理的研究受原子核的影响,但像核分裂、核合成等核内部现象则属于高能物理。

分子物理的研究集中在多原子结构分子的物理性质、分子间的相互作用上,并以此为基础研究气体、液体、固体的物理性质以及与热现象有关的物理性质。

光学物理主要研究光的基本特性及光与物质在微观领域的相互作用。例如:光的波粒二象性的本质、光子作为能量子与物质原子能级之间的相互作用等。

✣✣粒子(高能)物理

粒子物理研究物质和能量的基本组元以及它们之间

的相互作用。因为许多基本粒子在自然界原本并不存在，只在粒子加速器中与其他粒子高能碰撞下才出现，因此粒子物理也可称为高能物理。根据基本粒子和相互作用的标准模型描述，有 12 种已知物质的基本粒子模型(夸克和轻粒子)。它们通过强、弱相互作用和电磁力相互作用。1963 年弗朗索瓦·恩格勒特和彼得·希格斯预言标准粒子模型中还存在一种希格斯玻色子(一种能吸引其他粒子进而产生质量的玻色子)，2013 年希格斯玻色子被实验证实，弗朗索瓦·恩格勒特和彼得·希格斯也因此获得 2013 年诺贝尔物理学奖。

天体物理

天体物理和现代天文学将物理的理论和方法应用于研究天体的结构和演变、太阳系的起源以及宇宙的相关问题。天体物理的范围很广，它利用了物理学的许多原理，包括力学、电磁学、统计力学、热力学和量子力学等。后来科学家发现了天体发出的无线电信号，于是开始了无线电天文学研究。由于受地球大气层的干扰，观察宇宙空间就需要利用穿透力更强的红外线、紫外线、伽马射线和 X 射线作为研究手段。目前天文学的前沿已经扩展到空间探索，在宇宙的大范围内研究宇宙的形成和演变。

现代宇宙理论包括爱因斯坦的广义相对论和宇宙论原理，宇宙大爆炸理论的模型就是建立在这两个理论框架之上的。爱因斯坦的相对论在解释时空弯曲、时空隧道等方面做出了重要贡献。宇宙论已建立了ΛCDM宇宙演变模型，它包括宇宙的膨胀、暗能量和暗物质。利用费米伽马射线太空望远镜采集的新数据和现有宇宙模型的改进，围绕暗物质方面可能有许多发现。此外还有黑洞模型、引力波研究等也属于天体物理的研究领域。

从物理学的研究领域中可以发现，物理学的研究包括了整个宇宙中所有物质的运动形态，包括暗物质和暗能量在内的能量转换，涵盖了整个自然界中的各个层面。因此，物理学是认识世界的重要工具。

➡➡物理学的地位

✣✣物理学是其他自然科学及一切现代科技的基础

物理学是研究自然界最一般的运动规律、相互作用，以及物质的基本存在状态与结构层次的科学，是一门以实验为基础的自然科学。物理学的永恒主题是寻找自然界中的各种秩序、对称性和对称破缺、守恒律或不变性。例如：万有引力定律、电荷守恒定律、能量守恒定律等。一切自然现象都不会与物理学的定律相违背，所以其他自然科学在研究中首先确定不能违背物理规律，其次才是遵循各自领域的规律。例如：生物学研究植物或者动物的习性和生长规律时，首先不能违背物质不灭定律、能量转化和守恒定律等物理规律；化学、地理研究也是如此。各种现代科技都离不开物理基础，例如手机就体现了力学、热学、电子学、光学以及材料科学等多种物理知识;航空航天技术就要用到低温物理学、热学、光学、材料科学等物理知识。因此,物理学是其他自然科学及一切现代科技的基础。

✣✣与物理学有关的交叉学科

物理学作为自然科学的基础学科,与很多学科都有交叉,也就是我们常说的交叉学科。这里所说的交叉学科并不是指其他自然科学的研究者或者学生在学习自己的学科知识之前所学习的物理学知识。例如:在高等教育中,数学、化学、生命科学、信息工程、计算机、地理学等专业都会必修大学物理学,这并不属于交叉学科,而是物理学基础。

真正的交叉学科应该是在研究过程中两种知识的交融,比如生物物理学、物理化学或者化学物理、医学物理、材料科学、电子学、非线性物理学、计算物理学等都是两种以上学科的融合。另外,物理学在经济学、金融学、社会学等领域也有所应用,如模型构建、逻辑推理、相互作用关联等方法已经成为分析经济学现象、金融规律和社会现象的重要手段之一。再如信息论中的信息熵,就是从物理学的热熵中借鉴而来的,物理学中的熵增理论已经应用到历史发展、社会进步甚至文化、道德等领域。

因此,物理学在科学领域中的地位毋庸置疑,高考综合改革的“3+1+2”模式,也将物理作为报考理科专业的必选科目,即其中的”1“必须选物理。

▶▶物理学类专业的本科课程设置

我国普通高等学校中，所有的综合性大学、师范类大学、工科类大学均会将物理学作为主要专业，并作为所有理科专业的基础课程，即与理科相关的专业均会开设普通物理课程。

物理学作为中国普通高等学校的本科专业，培养掌握物理学的基本理论与方法，具有良好的数学基础和实验技能，能在物理学或相关的科学技术领域中从事科研、教学、技术应用和相关管理工作的高级专业人才。

➡➡本科物理学专业的培养目标

本科物理学专业所属的学科门类为理学，专业代码为070201，修学四年后授予理学学士学位。

✣✣培养目标

物理学专业主要培养从事物理学及相关前沿学科教学和研究的专业人才，同时也培养能将物理学应用于技术应用和社会各个领域的复合型人才。通过学习和训练，本专业学生应具备在物理学及相关专业进一步深造的基础，能达到毕业后从事研究、教学、技术应用和管理等方面工作的要求。

✣✣培养要求

物理学专业的学生主要学习物质运动的基本规律，

学会运用物理知识和方法进行科学研究和技术开发,进行基础研究或应用基础研究的初步训练,具备良好的科学素养和一定的科学研究与应用开发能力。

✣✣知识技能要求

掌握数学的基本理论和基本方法,具有较高的数学修养;掌握坚实的、系统的物理学基础理论及较广泛的物理学基本知识和基本实验方法,具有一定的基础科学研究能力和应用开发能力;了解相近专业的一般原理和知识;了解物理学发展的前沿和科学发展的总体趋势;了解国家科学技术、知识产权等有关政策和法规;掌握资料查询、文献检索及运用现代信息技术获取相关信息的基本方法;具有一定的实验设计,创造实验条件,归纳、整理、分析实验结果,撰写论文,参与学术交流的能力。

➡➡本科物理学专业的主干课程

本科物理学专业的主干课程主要由普通物理学、理论物理学构成。普通物理学主要由高等数学(高等数学是学习普通物理学的基础课程)、力学、热学、光学、电磁学、原子物理学等课程构成,理论物理学主要由数学物理方法(数学物理方法是学习理论物理学的基础课程)、理论力学、热力学与统计物理、电动力学、量子力学等课程构成。此外还有计算机语言、计算物理学、固体物理学、电子线路等课程,以及普通物理实验和近代物理实验等实验类课程。

❖❖普通物理学是高中物理的升级

普通物理学中的力学、热学、光学、电磁学、原子物理学等课程一般单独授课，即分为五门课程学习。普通物理学与高中物理的最大区别在于，高中物理使用初等数学描述和处理物理问题，普通物理学则使用高等数学描述和处理物理问题，因此高等数学是学习普通物理学的基础。

物理学专业学生所学的高等数学主要由微积分、线性代数和概率论等内容构成，一般学习两年。除了使用线性方程外，还要使用求导、微分和积分等方法进行计算。例如：普通物理学更侧重对物质运动变化率的描述，因此要学会求解微分方程。

经典力学的基本定律是牛顿运动定律和与牛顿运动定律有关的其他力学原理。经典力学是 20 世纪以前的力学，它有两个基本假定：其一，假定时间和空间是绝对的，长度和时间间隔的测量与观测者的运动无关，物质间相互作用的传递是瞬间完成的；其二，一切可观测的物理量在原则上可以无限精确地加以测定。20 世纪以来，随着物理学的发展，在微观（量子尺度）、高速（接近光速）等领域，经典力学的局限性就暴露出来了。

热学是研究物质处于热状态时的有关性质和规律的物理学分支，它起源于人类对冷热现象的探索。热学内容包含热力学与气体动理论。热力学主要是从能量转化

的角度来研究物质的热性质,它揭示了能量从一种形式转化为另一种形式时遵循的宏观规律。热力学是总结物质的宏观现象而得到的热学理论,不涉及物质的微观结构和微观粒子的相互作用。因此它是一种唯象的宏观理论,具有高度的可靠性和普遍性。

气体动理论是19世纪中叶建立的以气体热现象为主要研究对象的经典微观统计理论。气体由大量分子组成,分子做无规则的热运动,分子间存在作用力,分子的运动遵循经典的牛顿力学。根据上述微观模型,采用统计平均的方法来考查大量分子的集体运动,为气体的宏观热学性质和规律,如压强、温度、状态方程、内能、比热以及输运过程(扩散、热传导、黏滞性)等提供定量的微观解释。气体动理论揭示了气体宏观热学性质和过程的微观本质,推导出宏观规律,给出了宏观量与微观量平均值的关系。它印证了微观模型和统计方法的正确性,使人们对气体分子的集体运动和相互作用有了清晰的认识,标志着物理学的研究第一次达到了分子水平。

电磁学是研究电磁现象的规律和应用的物理学分支学科,起源于18世纪。从广义来讲,电磁学包含电学和磁学,从狭义来说,它是一门探讨电性与磁性交互关系的学科。电磁学主要研究电磁波、电磁场以及与电荷、带电物体有关的动力学等。

光学是物理学的重要分支学科。它主要研究光的行为和性质。光学分为几何光学、波动光学和量子光学。几何光学是从几个由实验得来的基本原理出发研究光的传播问题的学科，它基于光线的概念和光线的折射、反射定律来描述光在介质中的传播规律。波动光学从光是一种波动出发，研究光在介质中的传播规律，可用来研究光的干涉、光的衍射、光的偏振及光在各向异性介质中传播所呈现出的现象。光具有波粒二象性，从光的量子性出发可以将光看作以光速运动的光子（光量子），这种从光子的性质出发来研究光的本性以及光与物质相互作用的学科称为量子光学。物理学中的光学主要以介绍几何光学和波动光学为主，量子光学及作为量子光学重要应用的激光原理仅做简单介绍。

原子物理学是研究原子的结构、运动规律及相互作用的物理学分支。它主要研究原子的电子结构、原子光谱、原子之间或与其他物质的碰撞过程和相互作用。原子物理学是学习量子力学的重要基础，也是普通物理学中研究微观原子结构的重要课程。

❖❖理论物理学是普通物理学的升级

理论物理学的主要课程与普通物理学基本对应，除了概念和定义更加严谨外，其数学处理方法也发生了改变，即由高等数学升级为数学物理方法。由于理论物理学更注重利用数学工具进行数学演绎，物理意义不明显，因而理论物理学的课程往往被称为难以理解的“天书”。

运用数学物理方法处理一个物理问题,通常需要三个步骤:第一步,利用物理定律将物理问题转化为数学问题;第二步,解决该数学问题,其中解数学物理方程占有很大的比重,一般有多种解法;第三步,讨论所得数学结果的物理意义。因此,物理是以数学为基础的,而“数学物理方法”正是联系高等数学和物理专业课程的重要桥梁。数学物理方法的重要任务就是帮助学生把各种物理问题转化成数学的定解问题,并掌握求解定解问题的多种方法,如分离变数法、傅立叶级数法、幂级数解法、积分变换法、保角变换法、格林函数法、电像法等。

理论力学是研究物体机械运动的基本规律的学科。理论力学通常分为三个部分:静力学、运动学与动力学。静力学研究作用于物体上的力系的简化理论及力系平衡的条件;运动学只从几何角度研究物体机械运动的特性而不涉及物体的受力;动力学则研究物体机械运动与受力的关系,动力学是理论力学的核心内容。理论力学的研究方法是从一些由经验或实验归纳出的反映客观规律的基本原理或定律出发,经过数学演绎得出物体机械运动在一般情况下的规律及具体问题中的特征。理论力学的特点是广泛运用数学工具进行演绎,从而推导出各种以数学形式表达的普遍定理和结论。

热力学与统计物理学是经典热学的升级,分为热力学和统计物理学。热力学包括热力学的基本概念和基本规律、均匀系的平衡性质、相变的热力学理论、多元系的复相平衡与化学平衡、热力学第三定律、非平衡态热力学简介等内容；统计物理学包括统计物理学的基本概念、近独立子系组成的系统、统计系综理论、相变和临界现象的统计理论简介、非平衡态统计理论、涨落理论等内容。不难看出，热力学与统计物理学比经典热学更倾向于研究多元系和非平衡态理论，难度增加很大。

电动力学是研究电磁现象的经典的动力学理论，通常也称为经典电动力学（与量子电动力学区分），电动力学是它的简称。电动力学主要研究电磁场的基本属性、运动规律以及电磁场和带电物质的相互作用。迄今人类对自然界认识得最完备、最深入且应用也最为广泛的是电磁相互作用，因而研究电磁相互作用的基本理论电动力学有其特殊的重要性，它渗透到物理学的各个分支中，比电磁学研究的问题立足点更高，应用的数学知识更深奥，理论性更强，论述也更深入和普遍。

量子力学是研究物质世界微观粒子结构、运动与变化规律的物理学分支，主要研究原子、分子和凝聚态物质以及原子核和基本粒子的结构、性质。量子力学是20世纪人类文明发展的一个重大飞跃，它的发现引发了一系列划时代的科学发现与技术发明，对人类社会的进步做出了重大贡献。量子力学在高速、微观范围内具有普遍适用的意义，它与相对论一起构成现代物理学的理论

基础。

❖❖其他辅助课程

除了主要的专业课程之外,还有一些课程也是物理学专业的学生必须要学习的,主要分为辅助理论类课程和实验类课程。

物理学专业辅助理论类课程主要有计算机语言、固体物理学、电子线路等课程,这些课程的内容会进一步丰富处理物理问题的方法和手段。例如:计算机语言可以帮助处理复杂的物理图像与规律。

实验类课程主要分为普通物理实验、近代物理实验、电子类实验以及创新实验等。

普通物理实验主要是进行力学、热学、电磁学、光学和与原子物理学相关的验证实验。例如:牛顿第二定律的验证、刚体转动实验、静电场的描绘、示波器的使用、衍射光栅、全息照相、光电效应等实验都属于普通物理实验。

近代物理实验则是对应量子概念、激光等方面的实验。包括塞曼效应,黑体辐射,原子光谱,快速电子的相对论效应,物质对β、γ射线的吸收,激光干涉测速,核磁共振等实验。

电子类实验主要是关于电子信号传输和变换方面的实验。例如,LC串并联谐振回路特性实验、三点式正弦波振荡器、中波条幅发射机组装及调试、信号灯的控制、步进机控制等实验。

创新实验主要是学生根据自己学习的物理知识自主设计的实验，属于探究性实验，并没有特别的预设。例如：激光喷泉、机器人等都可以作为创新实验的内容。

➡➡本科与物理学相关的专业

高等学校中，除了物理学专业以外，还有很多与物理相关的专业。例如：天文学、应用物理学、核物理学、光学、生物物理学、机械自动化等专业都是以物理为基础的延伸专业；电子类的电子科学与技术、电子信息科学与技术等专业是与物理并列的专门从物理学中分离出来处理电子科学的专业；工程类的电子信息工程、微电子科学与工程、光电信息科学与工程、光学工程、通信工程等专业；还有一些学校单独设置的特色专业。

▶▶物理学类专业本科毕业生的去向

要了解物理学专业本科毕业生的去向，首先应该分析近年来全国高考招生状况、毕业生就业状况和研究生报考状况。根据数据分析本科毕业生的去向趋势，再着重分专业分析物理师范类、物理工科类、物理理论类等毕业生的去向。

➡➡报考研究生

✣✣高校毕业生数量逐年上升，硕士研究生报名人数激增

高校毕业生数量近十年来居高不下，逐年上升，2021届高校毕业生人数达909万。

近五年全国研究生报考人数迅速增长。2017年研究生报考人数首破200万大关，达到201万。2021年研究生报考人数达到377万，五年间，研究生报考人数翻了近一番。

近年来，我国研究生招生规模持续扩大，2019年我国研究生招生人数已达到91.6万。博士研究生招生规模由2010年的6.4万发展到2019年的10.5万，硕士研究生招生规模由2010年的47.4万发展到2019年的81.1万。近十年来，硕士研究生招生规模年均增幅达到6%，博士研究生招生规模年均增幅在5.5%左右。

✣✣考研是本科毕业生主要的去向之一

我国高等教育已经进入普及阶段，本科毕业生数量近十年增加了近250万，增长率达到37.7%。受高校扩招政策的影响，本科毕业生的就业竞争力有所下降，再加上就业市场的不景气，各行各业对从业人员的要求也越来越高，尤其是对学历的要求，逐渐从大学本科学历转向硕士研究生、博士研究生学历。目前国内大学、科研院所等具有研究性质的单位基本非博士莫入了，甚至一些重点中学也已经开始招聘博士任教，以提升学校的实力与影响力。本科毕业生的就业压力已经成为学生、家长、社会、政府关注的热点问题，而考研无疑是本科毕业生主要的去向之一。

❖❖物理学专业毕业生考研去向

物理学是一门基础性和专业性很强的学科，物理学专业毕业生除了可以报考物理学所属的专业之外，还可以根据自己的兴趣选择其他专业，可以选择的读研单位主要是高等学校和科研院所。

因为高等学校与毕业生本科就读的学校环境相似，大多数毕业生会选择报考高等学校，而且一般都会选择比就读的本科学校更高一个层次的学校。学习成绩一般的学生会选择自己就读的本科学校或者同一层次的有特色的学校，一般没有毕业生报考比自己本科就读学校层次低的学校。

毕业生考研选择的另一个去向是开展科学研究的科学院、研究所。基于物理学专业的基础性，有志于从事科学研究的物理学专业毕业生，大多会选择开展科研更加专业的科学院和研究所。例如：中国科学院下属的物理研究所、理论物理研究所、电子学研究所、四大光学精密机械研究所（上海光学精密机械研究所、长春光学精密机械与物理研究所、西安光学精密机械研究所、安徽光学精密机械研究所）等都是物理学专业毕业生向往的读研

院所。

✣✣物理学专业毕业生选择专业的方向

物理学专业毕业生除了报考物理学专业、与物理学相关专业的研究生之外，大多数的理科专业、工科专业也都可以选择。在物理及其相关领域取得突出成绩的专家和学者数不胜数，这些专家和学者推动着我国科技的发展，带动着我国整体实力的提升，这里不再赘述。

➡➡物理学本科毕业生工作去向

✣✣考公务员

公务员，全称国家公务员，是负责统筹管理经济社会秩序和国家公共资源，维护国家法律规定，贯彻执行相关义务的公职人员。在中国，公务员是指依法履行公职、纳入国家行政编制、由国家财政负担工资福利的工作人员。

✣✣考事业编制

事业编制，是指为国家创造或改善生产条件，增进社会福利，满足人民文化、教育、卫生等需要，其经费一般由国家事业费开支的单位所使用的人员编制。事业单位是指国家为了社会公益目的，由国家机关举办或者其他组织利用国有资产举办的，从事教育、科技、文化、卫生等活动的社会服务组织。事业单位接受政府领导，但不属于政府机构，其工作人员与公务员不同，但具有和公务员同样的稳定性。

事业编制的职业中，中学物理教师是热门，物理学专业毕业生中有相当比例的师范毕业生，他们就业首选就是中学物理教师。即便是非师范专业的毕业生，也愿意考一个教师资格证，以备不时之需。目前由于高等教育的普及，各中学对物理教师的招聘大多提高了门槛，以招聘硕士研究生为主，甚至已经开始招聘博士研究生。本科毕业生考取事业编制的难度也越来越大，于是学科教学等教育硕士现已成为考研中非常热门的方向，也有些毕业生直接到与教育教学相关的机构工作。

❖❖教育培训机构

这里所说的教育培训机构，主要是指除了正规的中小学校之外，提供培训班辅导和一对一辅导的正规教学培训机构。教育培训机构是家长和学生选择作为学校学习的补充手段，希望能够利用课余时间巩固学校所学的知识，培养学习能力和提高考试成绩。经过国家整顿之后的教育培训机构，已经成为中小学教育中一股不可忽视的力量。众多教育培训机构之间的竞争，除了提供大量就业机会之外，也给本科毕业生提供了一个锻炼教学能力的机会。物理学作为中学阶段非常重要的一门课程，教育培训机构也成为物理学专业毕业生就业的一个方向。

❖❖出国留学

除了就业和就读国内研究生之外，出国留学也是毕业生的一个选择方向。中国的基础教育在世界上受到关注，中国本科毕业生出国留学较受欢迎，特别是基础学科

毕业生。物理学作为重要的基础学科，其毕业生申请出国留学比较有优势，尤其是重点大学的毕业生，申请国外的研究生成功率还是很高的。

❖❖其他就业方向

由于物理学是一门基础学科，物理学专业的学生本科期间所学课程虽然专业性较强，但仍然属于专业基础课程，因此，一部分物理专业的本科毕业生会选择进入企业工作。比如现在的互联网行业，对此有兴趣的毕业生会选择去互联网企业工作。这里就不再一一赘述。

综合来看，物理学是一门专业性较强的学科，物理学专业的学生本科毕业后考取研究生，一方面可以提高自身的学科素养，确定自己更加专业的研究方向；另一方面可以提高自己的学历水平，增强自身在就业中的竞争力。

物理学作为重要的基础学科之一，其研究范围包含了自然界中各个层面的物质与能量变化规律，同时也是其他学科的理论基础，本科物理学专业课程设置主要是学习物理学的基础理论。本科毕业生一般会首先选择提升自己的实力，考取研究生；其次会选择可以发挥自身特长的公务员、教师等工作；还有部分学生会选择直接出国深造；只有少部分毕业生会直接进入企业等，选择适合自身发展的工作。

物理学发展展望

我们思想的发展在某种意义上常常来源于好奇心。

——爱因斯坦

物理学发展到今天，从最初的经典物理学发展到研究宇宙形成和微观量子理论，无论是量子计算、量子通信等微观理论的发展，还是宇宙探索、时空变换、极限物理等研究，物理学已经朝着空间尺度更大和更小，时间尺度更长和更短的方向发展。本章我们介绍物理学发展的几个典型方向，从中了解物理学研究的未来展望。

▶▶物理学的最前沿问题

物理学发展到现在，无论是从宏观到微观，还是从低速到高速，都建立了较为完备的理论。例如：宏观的经典物理学、微观的量子力学以及基于高速运动状态下的相对论，都是现代物理学大厦的基石。虽然物理学在近现代取得了长足的进步和巨大的成就，但是物理学在多个

前沿领域仍有许多问题未能获得突破。

➡➡理论物理学

在宏观的物理学框架方面,仍有很多问题需要解决,我们这里只讨论最根本性的理论问题。

✣✣统一场论

我们都知道自然界中有四种基本力,分别是万有引力、电磁力和强、弱相互作用力,四大基本力各有产生的理论。但是科学家们总希望自然界中关于基本力能够有一个统一的理论,四大基本力的统一场论,从爱因斯坦开始就成为物理学界一致想要实现的理论,可惜爱因斯坦穷尽后半生都未能取得成功,后代科学家虽然借助新的实验结果,在电弱统一理论上取得了巨大成功,但是引力和其他力的统一却始终困难重重。

✣✣弦理论

弦理论是和统一场论关系密切的新理论,它打破了经典物理学的粒子观念,是一种彻底的颠覆性理论。如果弦理论是正确的,则不论是对解决四大基本力的统一问题还是多维时空存在问题,以及相对论和量子理论的兼容性问题,帮助都十分巨大,这个理论有望成为描述整个宇宙的"万物理论"。只是目前弦理论仍处于假设阶段,无法通过实验加以验证。

暗物质

暗物质是一种比电子和光子还要小的物质，不带电荷，不对电子产生干扰，能够穿越电磁波和引力场，是宇宙的重要组成部分。暗物质无法被直接观测到，但它能干扰星体发出的光波或引力，其存在能被明显地感受到。虽然理论推算出暗物质占整个宇宙总物质的85%，但至今都没有找到明确的证据证明它的存在。所以，寻找暗物质，未来仍是科学家们努力的主要方向之一。

应用物理学

量子通信

量子通信可以说是现在物理学研究中的热点问题。潘建伟院士主导的“墨子号”卫星，成功验证了量子纠缠作为传输密钥的可能性，但是距离实现最安全的量子通信，还有很长的路要走。

量子计算

量子计算将有可能使计算机的计算能力大大超过今天的计算机，但仍然存在很多障碍。大规模量子计算存在的主要问题是：如何长时间地保持足够多的量子比特的量子相干性，同时又能够在这段时间内做出足够多的具有超高精度的量子逻辑操作。

可控核聚变反应

相信看过电影《钢铁侠》的人们都觉得托尼的那个小

小的能源反应装置简直酷翻了。虽然现实中不可能有如此小的核聚变反应装置,但是实现可控核聚变反应一直是科学家们努力的方向。

✣✣太阳能电池

太阳能电池技术已经取得了很大的成功,但是目前的太阳能电池板光电转化效率仍然太低,还有待进一步提高。

✣✣常温超导材料

因为超导材料的电阻为零,这种材料传输电荷几乎不会发热和损耗能量。但是超导材料一般都需要超低温条件才能实现,在液氦或者液氮环境中才能工作。所以,常温下的超导材料研究,也是当今物理学界的前沿研究领域之一。

✣✣无线充电技术

目前无线充电技术已经应用到手机、腕表等小型电子产品当中,给小型电子仪器的使用带来很大的便利。但是大型电子产品的无线充电技术还有待进一步提高。例如:电动力汽车的充电,可以通过铺设充电公路来实现。

✣✣极限物理

物理学的发展已经逐渐趋向人类认识的极限,从宇宙中微弱信号的探测、接近绝对零度的探究、超微结构的研究、超快激光的发展等方面可以一窥全豹。

✣✣宇宙探索

人类对自然的探索已经逐渐拓展到宇宙范围，2017年的引力波探测、2019年首张黑洞照片的面世表明在宇宙研究中已经取得了突出的成就，时空隧道、宇宙旅行、生命星球探索等已经成为物理学未来研究的重要方向。

物理学的前沿研究还有很多，下面就从几个方面对这些未来的发展方向做简单的介绍。

▶▶量子计算与量子通信

量子力学的理论自诞生到现在已经一百多年了，近年来关于量子的实验也取得了很大的进步，量子计算机的雏形已经出现，量子通信也取得了突破，量子时代看起来离我们的生活也越来越近，近年来更是流传着“遇事不决，量子力学”的说法。下面就让我们一起看看量子计算与量子通信究竟有没有传说中这么厉害。

➡➡关于量子

现代物理中，将微观世界中所有的不可分割的微观粒子（光子、电子、原子等）或其状态等物理量统称为量子。比如量子力学可以理解为是在研究微观下那些不可分割的基本个体（量子）的规律。

量子与粒子的概念还是不同的，粒子表示占有微小局域的物体，粒子有体积和质量。量子不一定有体积和质量，它只表示一个不可再分的个体，也就是量子化的个体。比如能量，能量存在一个最小的基本单元，所有能量都可以写成这个基本单元的整数倍，这个基本单元就是量子。再比如，一个微观粒子的位移不是连续的，而是存在一个最小的基本单元，这个基本单元也是量子。所以量子相当于一个单元，是一种物理概念，但是又与完全抽象的概念不同，只要是不可再分的单元就可以成为量子，具有概念和实体两种特性，就好比波粒二象性。比如光量子是一种粒子，之所以叫光量子（光子）是因为光是由一个个基本的光子组成的，从理论上讲，这个不可再分的部分也可以叫量子。

作为一种微观粒子，量子具有许多基本特性，如量子力学三大基本原理，量子测不准原理，量子不可克隆原理，量子不可区分原理。除此之外，量子还包括以下基本特性：量子态叠加性，量子态纠缠性，量子态相干性。

关于量子纠缠可以多说几句。量子纠缠是一种纯粹发生于量子系统的现象，在经典力学里，找不到类似的现象。两个及两个以上的量子在特定的环境（温度、磁场）下可以处于较稳定的量子纠缠状态，基于这种纠缠，某个粒子的作用将会瞬时地影响另一个粒子（无论距离多远）。利用量子纠缠的特性可以实现远距离的隐态传输，爱因斯坦称其为“幽灵般的超距作用”。

➡➡量子计算

量子力学态叠加原理使得量子信息单元的状态可以处于多种可能性的叠加状态，从而导致量子信息处理从效率上相比于经典信息处理具有更大潜力。

中国科学技术大学的量子信息重点实验室李传锋教授研究组首次研制出非局域量子模拟器，并且模拟了宇称—时间世界中的超光速现象。这一实验充分展示了非局域量子模拟器在研究量子物理问题中的重要作用。

2018 年 10 月 12 日，华为公司公布了在量子计算领域的最新进展：量子计算模拟器 HiQ 云服务平台面世，平台包括 HiQ 量子计算模拟器与基于模拟器开发的 HiQ 量子编程框架两个部分，这是华为公司在量子计算基础研究层面迈出的第一步。

2020 年 9 月 15 日，百度研究院量子计算研究所所长段润尧重点讲解了百度量子平台，展示了百度用量脉＋量桨＋量易伏赋能新基建、追逐“人人皆可量子”的愿景。

➡➡量子通信

所谓量子通信，从概念角度来讲就是利用量子介质的信息传递功能进行通信的一种技术。量子通信与传统通信技术相比，具有时效性高、抗干扰性强、保密性好、隐蔽性好、应用广泛等特点和优势。

潘建伟院士等人从 2005 年开始就致力于量子通信研究。2012 年，潘建伟院士等人在国际上首次成功实现百千米量级的自由空间量子隐形传态和纠缠分发，为发射全球首颗“量子通信卫星”奠定技术基础。2016 年 8 月 16 日，我国发射首颗量子卫星——“墨子号”，标志着我国在全球已构建出首个天地一体化广域量子通信网络雏形，为未来实现覆盖全球的量子保密通信网络迈出了新的一步，也标志着我国空间科学研究又迈出重要一步。2021 年 1 月 7 日，中国科学技术大学宣布中国科研团队成功实现了跨越 4 600 千米的星地量子密钥分发。

▶▶清洁新能源

随着地球自然能源的大力开发，地球上的原有能源日趋枯竭。在开发新能源方面，除了广泛利用水力、风力、潮汐力等自然能源之外，新能源的开发主要集中于核能的利用。核裂变反应堆早已经投入使用，但是带来的核废料处理问题和核泄漏危险等也困扰着人们。例如：世界闻名的切尔诺贝利核电站的核泄漏、日本福岛核电站的放射性物质泄露等事故，以及核废料的处理对海洋环境造成的影响。科学家们早就开始进行清洁核能源的开发，也就是受控核聚变。此外，太阳能的利用、对环境无污染的清洁能源的研究都是新能源发展的主要方向。

➡➡可控约束核聚变

开发受控约束热核聚变能被认为是彻底解决人类能源问题的根本途径，因为每升海水含有的氢同位素氘和氚的聚变能相当于300升汽油。可控约束核聚变指的是在一定约束区域内，有控制地产生并进行氢的同位素氘和氚的核聚变反应的技术。核聚变是指在一定条件下，一个氘核（由一个质子和一个中子组成）和一个氚核（由一个质子和两个中子组成）会发生核聚变反应，生成一个氦核（由两个质子和两个中子组成），并放出一个中子。反应前后会出现明显的质量亏损，根据著名的爱因斯坦质能方程 $E=mc^2$，反应过程中出现的质量亏损转化为巨大的能量释放出来。

氘和氚的核聚变只有在上亿度的高温等离子体内才会发生，唯有强磁场才可能装容（或约束）如此高温的物质。因为等离子体里所有带电粒子在磁场内受洛伦兹力作用，沿着磁力线做螺旋运动，而且磁场越强对等离子体约束得越好。利用磁约束来实现受控核聚变的容器称为托卡马克，美国、法国、俄罗斯、日本和中国都已建成和运行超导托卡马克装置。

在我国，1990年中国科学院等离子所兴建大型超导托卡马克装置。2002年1月28日，核工业西南物理研究院与中国科学院等离子体物理研究所基于超导托卡马克装置HT-7U的可控热核聚变研究再获突破，实现了放电

脉冲长度大于100倍能量约束时间、电子温度2 000万摄氏度的高约束稳态运行，运行参数居世界前两位。2006年，中国自主设计、自主建造而成的新一代热核聚变装置EAST实现了第一次“点火”——激发等离子态与核聚变，很快实现了连续1 000秒的运行。EAST成为世界上第一个建成并真正运行的全超导非圆截面核聚变实验装置。2012年4月22日，中国新一代“人造太阳”实验装置EAST中性束注入系统（NBI）完成了氢离子束功率3兆瓦、脉冲宽度500毫秒的高能量离子束引出实验。

受控约束核聚变经过几十年的研究，虽然已经取得重大的进展，但还有许多技术难关需要攻克，距离实际应用还有很长的路要走。

➡➡太阳能利用

太阳是地球能量的唯一来源，充分利用太阳能，是清洁能源的重要研究方向。目前人们已经在生活中非常广泛地利用太阳能。例如：住宅常用的太阳能热水器、安装在建筑物顶上的太阳能电池板、利用太阳能白天充电晚上照明的太阳能路灯、太阳能汽车等，已经为我们节省了很多的能源。

太阳能的利用基本都是接收太阳光照，通过光电转化的形式将光能转化为电能储存在电池中。因此，提升光电能量转化的效率是需要解决的主要问题。目前太阳能板光电转化效率还是很低，只能在低能量需求的情况下使用。如何提高太阳能电池的光电转化效率是太阳能利用的一个重点问题。

➡➡固态燃料

作为常规燃料,从最早人们使用的木材,到后来的煤炭,再到现在的天然气和汽油、柴油,不管是哪一种,都是利用燃烧产生的热量转化为可利用的机械能、电能、光能等。所以燃料一般都是通过燃烧与氧气发生反应,不可避免的是燃烧后产生的化合物往往是无用的甚至有害的,如一氧化碳、二氧化硫等氧化物。过多地使用燃料会带来过多的碳排放,对环境造成严重污染。例如:二氧化碳就是天然的温室气体,过多的汽车尾气排放会加重地球的温室效应,使全球气温变暖现象加剧。现在各国都在推出新能源汽车,使用电动力汽车代替燃油动力汽车。但是由于电动力汽车电池续航能力差、充电时间长等,完全替代燃油动力汽车还任重道远。于是,人们就想用清洁的燃料作为动力能源。首先想到的就是氢气,氢气在氧气中燃烧之后只生成水,没有废气污染,而且能量转化效率高。但是由于氢气需要液化才能保证长时间燃烧,危险性较高,所以一直都只能在火箭发动机中使用。目前有一种技术是将氢气固化到某种载体上,使用时将氢气从固化器中释放,不经历液体状态,这样就可以放心使用了。

▶▶极限物理学

物理学的发展已经逐渐趋向人类认识的极限，从宇宙中微弱信号的探测、接近绝对零度的探究、超微结构的研究、超快激光的发展等方面可见一斑。下面从引力波探测和超快激光研究两个方面来介绍。

➡➡引力波探测

在物理学中，引力波是指时空弯曲中的涟漪通过波的形式从辐射源向外传播，这种波以引力辐射的形式传输能量。1916 年，爱因斯坦基于广义相对论预言了引力波的存在。在爱因斯坦的广义相对论中，引力被认为是时空弯曲的一种效应，这种弯曲是质量的存在导致的。引力波应该能够穿透电磁波不能穿透的地方，所以猜测引力波能够提供给地球上的观测者有关遥远宇宙中黑洞和其他奇异天体的信息。而这些天体不能用传统的方式（如光学望远镜和射电望远镜）观测到，所以引力波天文学将为我们带来有关宇宙运转的新认识。更为有趣的是，引力波能够提供一种观测极早期宇宙的方式，所以对于引力波的精确测量有助于科学家们更为全面地验证广义相对论。

在我们的宇宙当中，什么样的天体才能够产生可以探测到的引力波呢？一般认为是相互作用的致密双星（多体）系统（比如中子星或者黑洞的双星系统）或者快速旋转的致密天体。这类天体会通过周期性的引力波辐射损失掉角动量，它的信号强度会随着非对称程度的增加而增加。可能的候选天体包括非对称的中子星之类的致密双星，如图 4 所示。

图 4　双子黑洞产生引力波

1991 年，麻省理工学院与加州理工学院在美国国家科学基金会(NSF)的资助下，开始联合建设“激光干涉引力波天文台”(LIGO)。LIGO 的主要部分是两个互相垂直的干涉臂，臂长均为 4 千米，它的探测精度可以达到 1×10^{-22} 米。2016 年 6 月 16 日凌晨，LIGO 科学合作组织宣布：2015 年 12 月 26 日，位于美国华盛顿州的汉福德和路易斯安那州的利文斯顿的两台引力波探测器同时探测到了一个引力波信号。这是继 LIGO 2015 年 9 月 14 日探测到首个引力波信号之后，人类探测到的第二个引力波信号。

引力波的发现验证了广义相对论最后一个未被实验直接检测的预言，但引力波带来的认知革命绝不止步于此。引力波为我们打开了除电磁辐射（光学、红外、射电、X射线等）、粒子（中微子、宇宙线）之外一个全新的窗口——我们从未能够以这样的方式观察宇宙。在引力波这个新窗口中，我们不再以电磁场、物质粒子作为观察宇宙的凭借——我们感受的，是时空本身的颤动！

➡➡超快激光研究

超快激光是激光技术的前沿技术，超快激光的物理特性使得它被广泛应用于各个领域，具有广阔的发展前景。超快激光属于激光的一种，即脉冲波在皮秒、飞秒量级上的激光。超快激光已经发展了半个多世纪，而且越来越便捷和广泛。随着激光研究人员在阿秒（$1\ as=1\times10^{-18}\ s$）激光上的不断进步，飞秒（$1\ fs=1\times10^{-15}\ s$）、皮秒（$1\ ps=1\times10^{-12}\ s$）和纳秒（$1\ ns=1\times10^{-9}\ s$）的激光体制被用来与不同材料的宿主相互作用并表征它们。与较长的脉冲宽度相比，超快脉冲的独特之处在于它们具有极高的峰值强度，与材料相互作用的时间尺度比晶格无序和热扩散更快。这两个特性使得超快激光能够非常精确地控制和操纵材料的状态。

超快激光技术不仅推动了基础学科和高技术领域的发展，也为交叉学科的发展提供了创新手段与方法。超快激光脉冲推动了一批新兴学科与高新技术的发展，如非线性光学、激光医学、纳米光子学、超快微加工等。因为超快激光的脉冲峰值功率非常高，若作用于物质，会将物质瞬间由固态变为气态。又因为此过程在瞬间完成，作用区域热效应非常小，所以此特点常被应用于在透明介质的内部“雕刻”各种微纳结构，以及研发飞秒激光脉冲手术刀以实现临床无热损伤的精准切割。例如：激光治疗近视眼手术就是采用飞秒激光进行的。由于超快激光器的功率非常大，作用范围又非常小，并且在光与物质的相互作用中呈现出非线性，所以在使用超快激光对物质进行加工的过程中会得到很高的精度。

由于超快激光具有时域宽度短、峰值功率高、重复频率高、光谱范围宽等特点，超快激光在多个领域都被广泛应用。我们相信，随着超快激光技术的进一步发展以及具有高可靠性的超快激光器的进一步完善，超快激光一定会在更多领域获得更为广泛的应用。

▶▶宇宙探索

从古至今，人类从未放弃过对未知宇宙的探索。从最早的天文观测，到发射探测卫星进入太空，再到载人飞船进入太空建立空间站、登陆月球等壮举，人类对宇宙的探索一直都没有停止过。再加上宇宙大爆炸理论的建立，人们对宇宙的未来充满了浓厚的兴趣。

➡➡宇宙的未来

要谈宇宙未来的结局，首先要谈宇宙是什么。目前关于宇宙的主流说法是：宇宙是万物的总称，是时间和空间的统一（“宇”代表时间，“宙”代表空间）。宇宙是由空间、时间、物质和能量（包括暗物质及暗能量）构成的统一体。宇宙的整体构成比例是：68.3％的暗能量，26.8％的暗物质和4.9％的普通物质。相较从前，暗能量在增加。

有诞生初始的宇宙才符合人类的思维逻辑，当今主流科学家都认为，“奇点”是宇宙之前的一种存在形式，具有无限大的物质密度、无限弯曲的时空和无限趋近于零的熵值等。约在138亿年前，“砰”的一声“奇点”爆开，从此人类可观测的宇宙就诞生了，这就是著名的“大爆炸宇宙论”。对于人类来说，有开始就必有结局。迄今为止根据对宇宙的观测，人类设想了宇宙的三种可能结局。

✣✣宇宙大撕裂

宇宙中的万物，大到恒星、星系，小到原子、夸克，都会在将来某一时刻被暗能量驱动的宇宙膨胀扯碎。从宇宙的构成来看，当下暗能量约是暗物质与普通物质总和的2.3倍，最终宇宙会完全被暗能量主导，被撕裂成普朗克尺度不可分解的弦。

✣✣宇宙大坍缩

宇宙膨胀到一定程度将停止膨胀并且逆转，然后所有空间和物质坍缩到一起，是大爆炸的逆过程。

✣✣宇宙在临界值上保持稳定

虽然目前研究结果显示宇宙由95.1%的暗能量、暗物质和4.9%的普通物质组成。而且相较从前，暗能量在增加。但如果暗能量驱动与宇宙膨胀相一致，宇宙将会在一个临界值上保持稳定。

关于宇宙未来的三种预测都是基于我们对于暗能量的认识，也许在不久的将来能有所突破。

➡➡时空隧道

我们平时所说的时空隧道一般是指穿越时空的一种途径。它看不见、摸不着，但它应该是客观存在的，是物质性的。对于我们人类生活的物质世界，它既关闭又不绝对关闭。偶尔开放时空隧道，人类进入另一套时间体系里，有可能回到遥远的过去，或进入未来。因为在时空隧道里，时间具有方向性和可逆性，它可以正转，也可以倒转，还可以相对静止。这就是我们常说的“穿越”。

在历史上，不乏有很多无故失踪的人、飞机、船只等，实际上他们并非一定真的消失了，而可能是进入了秘密的时空隧道，他们有可能永远消失在这个世界上，也有可能在未来的某一天再次降临这个世界。其实时空隧道到底存在与否，现在还真的不好说，虽然历史上的确有一些我们无法解释的时空穿梭现象，但是很多事情的真相其实并不是我们所了解的那样，有可能另有隐情。霍金生前做过一个证明时空隧道存在的实验，那就是在自己的家中请未来的人前来参加宴会，结果没有一个未来人来

赴宴，所以这让霍金觉得时空穿梭可能是无法实现的，时空隧道也有可能不存在。

那么时空隧道是否真的存在呢？研究量子态隐形传输技术的科学家们给出了答案："不久的将来，理论上有可能会实现传送人类本身。"粒子中出现的神奇"纠缠"现象，曾被爱因斯坦称为"幽灵般的超距作用"。随着各种各样的量子态隐形传输实验得以实现，也许在将来人类的这种穿越真的可以实现，但这并不是真正的时空穿越，而应该是空间瞬移。

➡➡宇宙探索

宇宙探索其实分为两种：一种是接收遥远的宇宙空间传来的带有信息的信号，另一种是发射空间探测器和发射带有地球上人类信息的无线电信号。

✣✣"中国天眼"

目前世界上最大单口径、最灵敏的射电望远镜——500 米口径球面射电望远镜(FAST)被誉为"中国天眼"，由中国天文学家南仁东于 1994 年提出构想，历时 22 年建成，于 2016 年 9 月 25 日落成启动。FAST 由中国科学院国家天文台主导建设，具有我国自主知识产权，其综合性能是著名的射电望远镜阿雷西博的十倍。2020 年1 月 11 日，500 米口径球面射电望远镜通过国家验收，正式投入运行，如图 5 所示。截至 2021 年 3 月 29 日，"中国天眼"已发现 300 余颗脉冲星。

图 5 “中国天眼”——500 米口径球面射电望远镜

✣✣旅行者号——太阳系外探测器

太阳系外探测器，是专门用于探测太阳系外星体的探测器。旅行者 1 号在 1979 年 7 月飞越木星，1981 年飞越土星。旅行者 2 号由于飞行轨道不同，1979 年 3 月率先到达木星上空，继而于 1980 年 11 月飞越土星。旅行者 2 号先后探测了土星、木星、冥王星后，才去探测太阳系外。这两枚宇宙探测器除了沿途不断地给太阳系拍照外，它们还被寄予厚望，希望能在飞行过程中碰到外星智慧生命。事实上，在发射旅行者号之前，美国国家航空航天局（NASA）还曾发射过先驱者 10 号和 11 号两枚宇宙探测器，它们的最终目标也是飞出太阳系。为此，这四枚探测器都携带着“地球名片”，以期在遇到外星智慧生命时能做一下“引见”。目前旅行者号探测器已经触及了太阳系的边界，科学家预计，它们很快就将离开太阳系，继续改写人类行为能到达最远位置的纪录。

❖❖宇宙飞船——载人宇宙旅行

宇宙飞船是一种运送航天员、货物到达太空并安全返回的航天器。目前世界上掌握载人航天技术的国家有美国、俄罗斯和中国。

美国载人飞船有"水星号"载人飞船、"双子星座号"飞船、"阿波罗号"飞船、"猎户座号"飞船；俄罗斯飞船有"东方号"宇宙飞船、"上升号"宇宙飞船、"联盟号"宇宙飞船；中国的宇宙飞船为神舟飞船系列，从"神舟一号"无人飞船开始到"神舟十二号"载人飞船，中国成为继美国、俄罗斯之后，世界上第三个掌握载人航天技术和成功发射载人飞船的国家。

但载人宇宙飞船目前只能往返于地球附近的空间站，还不能真正实现宇宙旅行。随着航空航天技术的不断发展和对宇宙认知的不断加深，相信一定会实现真正的载人宇宙旅行。

物理的未来发展前景无限，物理学研究要发展的方向等待着更多有志青年的积极参与。通过本部分介绍，希望能够引起大家对物理的学习兴趣，引发大家从事物理学习和研究的欲望，去探索未知宇宙的奥秘。

参考文献

[1] 中华人民共和国教育部. 普通高等学校本科专业目录(2020年版)[EB/OL]. (2020-02-21)[2021-04-08].

[2] Sidney Perkowitz. Physics: A Very Short Introduction[M]. Oxford University Press, 2019.

[3] 辞海编辑委员会. 辞海[M]. 上海辞书出版社, 1979.

[4] 曹则贤. 物理学咬文嚼字[M]. 中国科学技术大学出版社, 2018.

[5] 刘莉莉. 物理学与数学的关系[J]. 世界华商经济年鉴·科学教育家, 2008(8):246-247.

[6] 杨振宁. 美与物理学[J]. 武汉理工大学学报(信息与管理工程版),2003(01):1-5.

[7] 高策. 二叶理论: 杨振宁论数学与物理学的关系[J]. 科学学研究, 1991(01): 25-31.

[8] 厚宇德. 杨振宁论数理关系[J]. 自然辩证法通讯,

2019,41(02):38-42.

[9] 曹昌祺.物理学发展的现状和应用前景[J].物理教学,1984(09):1-4+16.

[10] 中华人民共和国教育部制订. 普通高中物理课程标准(2017 年出版,2020 年修订)[S]. 北京:人民教育出版社，2020.

[11] 中国教育在线编制.2021 年全国研究生招生调查报告[R].北京:2021.

“走进大学”丛书拟出版书目

什么是机械？　邓宗全　中国工程院院士
　　　　　　　　　　　哈尔滨工业大学机电工程学院教授(作序)
　　　　　　　王德伦　大连理工大学机械工程学院教授
　　　　　　　　　　　全国机械原理教学研究会理事长
什么是材料？　赵　杰　大连理工大学材料科学与工程学院教授
　　　　　　　　　　　宝钢教育奖优秀教师奖获得者
什么是能源动力？
　　　　　　　尹洪超　大连理工大学能源与动力学院教授
什么是电气？　王淑娟　哈尔滨工业大学电气工程及自动化学院院长、教授
　　　　　　　　　　　国家级教学名师
　　　　　　　聂秋月　哈尔滨工业大学电气工程及自动化学院副院长、教授
什么是电子信息？
　　　　　　　殷福亮　大连理工大学控制科学与工程学院教授
　　　　　　　　　　　入选教育部“跨世纪优秀人才支持计划”
什么是自动化？王　伟　大连理工大学控制科学与工程学院教授
　　　　　　　　　　　国家杰出青年科学基金获得者(主审)
　　　　　　　王宏伟　大连理工大学控制科学与工程学院教授
　　　　　　　王　东　大连理工大学控制科学与工程学院教授
　　　　　　　夏　浩　大连理工大学控制科学与工程学院院长、教授
什么是计算机？嵩　天　北京理工大学网络空间安全学院副院长、教授
　　　　　　　　　　　北京市青年教学名师
什么是土木？　李宏男　大连理工大学土木工程学院教授
　　　　　　　　　　　教育部“长江学者”特聘教授
　　　　　　　　　　　国家杰出青年科学基金获得者
　　　　　　　　　　　国家级有突出贡献的中青年科技专家

什么是水利？ 张　弛 大连理工大学建设工程学部部长、教授
教育部“长江学者”特聘教授
国家杰出青年科学基金获得者

什么是化学工程？
贺高红 大连理工大学化工学院教授
教育部“长江学者”特聘教授
国家杰出青年科学基金获得者
李祥村 大连理工大学化工学院副教授

什么是地质？ 殷长春 吉林大学地球探测科学与技术学院教授(作序)
曾　勇 中国矿业大学资源与地球科学学院教授
首届国家级普通高校教学名师
刘志新 中国矿业大学资源与地球科学学院副院长、教授

什么是矿业？ 万志军 中国矿业大学矿业工程学院副院长、教授
入选教育部“新世纪优秀人才支持计划”

什么是纺织？ 伏广伟 中国纺织工程学会理事长(作序)
郑来久 大连工业大学纺织与材料工程学院二级教授
中国纺织学术带头人

什么是轻工？ 石　碧 中国工程院院士
四川大学轻纺与食品学院教授(作序)
平清伟 大连工业大学轻工与化学工程学院教授

什么是交通运输？
赵胜川 大连理工大学交通运输学院教授
日本东京大学工学部 Fellow

什么是海洋工程？
柳淑学 大连理工大学水利工程学院研究员
入选教育部“新世纪优秀人才支持计划”
李金宣 大连理工大学水利工程学院副教授

什么是航空航天？
万志强 北京航空航天大学航空科学与工程学院副院长、教授
北京市青年教学名师
杨　超 北京航空航天大学航空科学与工程学院教授
入选教育部“新世纪优秀人才支持计划”
北京市教学名师

什么是环境科学与工程？

陈景文　大连理工大学环境学院教授
教育部“长江学者”特聘教授
国家杰出青年科学基金获得者

什么是生物医学工程？

万遂人　东南大学生物科学与医学工程学院教授
中国生物医学工程学会副理事长(作序)
邱天爽　大连理工大学生物医学工程学院教授
宝钢教育奖优秀教师奖获得者
刘　蓉　大连理工大学生物医学工程学院副教授
齐莉萍　大连理工大学生物医学工程学院副教授

什么是食品科学与工程？

朱蓓薇　中国工程院院士
大连工业大学食品学院教授

什么是建筑？　齐　康　中国科学院院士
东南大学建筑研究所所长、教授(作序)
唐　建　大连理工大学建筑与艺术学院院长、教授
国家一级注册建筑师

什么是生物工程？

贾凌云　大连理工大学生物工程学院院长、教授
入选教育部“新世纪优秀人才支持计划”
袁文杰　大连理工大学生物工程学院副院长、副教授

什么是农学？　陈温福　中国工程院院士
沈阳农业大学农学院教授(作序)
于海秋　沈阳农业大学农学院院长、教授
周宇飞　沈阳农业大学农学院副教授
徐正进　沈阳农业大学农学院教授

什么是医学？　任守双　哈尔滨医科大学马克思主义学院教授

什么是数学？　李海涛　山东师范大学数学与统计学院教授
赵国栋　山东师范大学数学与统计学院副教授

什么是物理学？孙　平　山东师范大学物理与电子科学学院教授
李　健　山东师范大学物理与电子科学学院教授

什么是化学？	陶胜洋	大连理工大学化工学院副院长、教授
	王玉超	大连理工大学化工学院副教授
	张利静	大连理工大学化工学院副教授
什么是力学？	郭　旭	大连理工大学工程力学系主任、教授 教育部“长江学者”特聘教授 国家杰出青年科学基金获得者
	杨迪雄	大连理工大学工程力学系教授
	郑勇刚	大连理工大学工程力学系副主任、教授
什么是心理学？	李　焰	清华大学学生心理发展指导中心主任、教授(主审)
	于　晶	辽宁师范大学教授
什么是哲学？	林德宏	南京大学哲学系教授 南京大学人文社会科学荣誉资深教授
	刘　鹏	南京大学哲学系副主任、副教授
什么是经济学？	原毅军	大连理工大学经济管理学院教授
什么是社会学？	张建明	中国人民大学党委原常务副书记、教授(作序)
	陈劲松	中国人民大学社会与人口学院教授
	仲婧然	中国人民大学社会与人口学院博士研究生
	陈含章	中国人民大学社会与人口学院硕士研究生 全国心理咨询师(三级)、全国人力资源师(三级)
什么是民族学？	南文渊	大连民族大学东北少数民族研究院教授
什么是教育学？	孙阳春	大连理工大学高等教育研究院教授
	林　杰	大连理工大学高等教育研究院副教授
什么是新闻传播学？		
	陈力丹	中国人民大学新闻学院荣誉一级教授 中国社会科学院高级职称评定委员
	陈俊妮	中国民族大学新闻与传播学院副教授
什么是管理学？	齐丽云	大连理工大学经济管理学院副教授
	汪克夷	大连理工大学经济管理学院教授
什么是艺术学？	陈晓春	中国传媒大学艺术研究院教授